中等职业学校教学用书
计算机课程改革实验系列教材

计算机网络技术应用

段 欣 主编

王国鑫 马志善 副主编

电子工业出版社
Publishing House of Electronics Industry
北京·BEIJING

内 容 简 介

本书根据教育部颁发的《中等职业学校专业教学标准（试行）信息技术（第一辑）》中的相关教学内容和要求编写。

本书按照"以服务为宗旨，以就业为导向"的指导思想，采用模块教学的方法，主要介绍计算机网络基础知识、网络设备与通信、局域网组建技术、Internet 接入与应用、服务器和网络操作系统、网络安全等内容，每个模块包含相应的实训任务，使学生在掌握基础知识的同时，学会实践应用，突出"行动导向，任务驱动"的教学模式。

本书适用对象为中等职业学校学生，同时兼顾劳动部相关技能的考证要求。

未经许可，不得以任何方式复制或抄袭本书的部分或全部内容。
版权所有，侵权必究。

图书在版编目（CIP）数据

计算机网络技术应用 / 段欣主编. —北京：电子工业出版社，2019.11

ISBN 978-7-121-37671-9

Ⅰ．①计… Ⅱ．①段… Ⅲ．①计算机网络－中等专业学校－教材 Ⅳ．①TP393

中国版本图书馆 CIP 数据核字（2019）第 246630 号

责任编辑：关雅莉　　　文字编辑：徐　萍
印　　刷：北京虎彩文化传播有限公司
装　　订：北京虎彩文化传播有限公司
出版发行：电子工业出版社
　　　　　北京市海淀区万寿路 173 信箱　邮编　100036
开　　本：787×1 092　1/16　印张：11.75　字数：300.8 千字
版　　次：2019 年 11 月第 1 版
印　　次：2020 年 7 月第 2 次印刷
定　　价：32.00 元

凡所购买电子工业出版社图书有缺损问题，请向购买书店调换。若书店售缺，请与本社发行部联系，联系及邮购电话：（010）88254888，88258888。

质量投诉请发邮件至 zlts@phei.com.cn，盗版侵权举报请发邮件至 dbqq@phei.com.cn。
本书咨询联系方式：（010）88254617，luomn@phei.com.cn。

前 言

本书根据教育部颁发的《中等职业学校专业教学标准（试行）信息技术（第一辑）》中的相关教学内容和要求编写。

本书按照"以服务为宗旨，以就业为导向"的指导思想，采用模块教学的方法。其中，模块1介绍计算机网络的基础知识，模块2介绍网络传输介质和设备，模块3介绍局域网组建技术，模块4介绍Internet接入与应用，模块5介绍服务器和网络操作系统，模块6介绍网络安全。每个模块都包含相应的实训任务，使学生在掌握基础知识的同时，学会实践应用，突出"行动导向，任务驱动"的教学模式。最后，通过综合达标训练，对学生掌握全书知识的情况进行全面测试。

本书由段欣主编，山东电子职业学院等一些职业学校的老师参与了程序测试、试教和本书内容的修改工作，在此表示衷心的感谢。

由于作者水平有限，书中不妥之处在所难免，恳请广大师生和读者批评指正。

编 者
2019年6月

目 录

模块 1　走进计算机网络世界 ·· 001

1.1　计算机网络概述 ·· 001
　　1.1.1　计算机网络的发展历程 ··· 001
　　1.1.2　计算机网络的概念及主要功能 ····································· 002
　　1.1.3　计算机网络的分类 ··· 003
1.2　计算机网络的组成与结构 ··· 005
　　1.2.1　计算机网络的基本组成 ··· 005
　　1.2.2　计算机网络的拓扑结构 ··· 005
1.3　计算机网络体系结构 ·· 007
　　1.3.1　OSI/ISO 开放系统互连参考模型 ································· 007
　　1.3.2　TCP/IP 网络协议 ··· 009
1.4　数据通信基础知识 ··· 011
　　1.4.1　数据通信的基本概念 ·· 011
　　1.4.2　数据通信系统主要技术指标 ··· 011
　　1.4.3　数据传输方式 ·· 012
　　1.4.4　数据交换技术 ·· 013
　　1.4.5　差错检验与校正技术 ·· 014
1.5　计算机网络新技术 ··· 014
　　1.5.1　5G 技术 ·· 014
　　1.5.2　物联网 ·· 015
　　1.5.3　大数据 ·· 015
　　1.5.4　云计算 ·· 016
1.6　Cisco Packet Tracer 简介 ··· 017
1.7　认识计算机网络实训项目 ··· 020

实训任务一　Windows 7 远程桌面连接设置……………………………………020
　　实训任务二　用 Cisco Packet Tracer 模拟搭建家庭网………………………023
思考与练习 1…………………………………………………………………………………027

模块 2　网络传输介质和设备 028

2.1　网络传输介质………………………………………………………………………028
　　2.1.1　双绞线…………………………………………………………………………028
　　2.1.2　光纤与光缆……………………………………………………………………031
2.2　网络设备……………………………………………………………………………033
　　2.2.1　网卡……………………………………………………………………………033
　　2.2.2　集线器…………………………………………………………………………035
　　2.2.3　调制解调器……………………………………………………………………036
　　2.2.4　交换机…………………………………………………………………………037
　　2.2.5　路由器…………………………………………………………………………039
2.3　网络传输介质和设备实训项目……………………………………………………040
　　实训任务一　制作双绞线……………………………………………………………040
　　实训任务二　光纤熔接………………………………………………………………043
　　实训任务三　局域网远程开机………………………………………………………045
　　实训任务四　应用 Cisco Packet Tracer 模拟更换、添加网络设备模块…………047
思考与练习 2…………………………………………………………………………………049

模块 3　局域网组建 051

3.1　局域网概述…………………………………………………………………………051
　　3.1.1　局域网的特点…………………………………………………………………051
　　3.1.2　局域网的种类…………………………………………………………………052
　　3.1.3　CSMA/CD 介质访问控制方法…………………………………………………053
　　3.1.4　共享式局域网和交换式局域网………………………………………………054
　　3.1.5　局域网的工作模式……………………………………………………………054
　　3.1.6　IP 地址基础知识………………………………………………………………056
3.2　局域网组建技术……………………………………………………………………058
　　3.2.1　决定局域网特征的主要技术…………………………………………………058
　　3.2.2　无线局域网组网技术…………………………………………………………059
　　3.2.3　布线设计………………………………………………………………………060
3.3　网络设备安装与调试………………………………………………………………064
　　3.3.1　网络设备的物理连接…………………………………………………………064
　　3.3.2　网络设备的功能配置…………………………………………………………065

3.3.3　交换机常用功能概述 069
　　　3.3.4　路由器配置 071
　3.4　局域网组建实训项目 074
　　　实训任务一　组建双机互联的对等网络 074
　　　实训任务二　构建共享式局域网和交换式局域网 077
　　　实训任务三　单交换机端口的 VLAN 划分 078
　　　实训任务四　跨交换机端口的 VLAN 划分 081
　　　实训任务五　路由器静态路由功能实现 083
　思考与练习 3 084

模块 4　Internet 接入与应用 086

　4.1　Internet 接入 087
　4.2　Internet 网络服务 088
　　　4.2.1　Web 服务 088
　　　4.2.2　文件传输服务 089
　　　4.2.3　电子邮件服务 090
　　　4.2.4　域名系统 093
　4.3　认识 Intranet 094
　4.4　Internet 接入与应用实训项目 096
　　　实训任务一　个人计算机通过 ADSL 接入 Internet 096
　　　实训任务二　无线路由器接入 Internet 097
　　　实训任务三　应用 Cisco Packet Tracer 模拟体验网络服务 104
　思考与练习 4 109

模块 5　服务器和网络操作系统 111

　5.1　认识服务器 111
　5.2　网络服务器操作系统 113
　　　5.2.1　网络操作系统的类型 113
　　　5.2.2　UNIX 操作系统 114
　　　5.2.3　Linux 操作系统 115
　　　5.2.4　Netware 网络操作系统 116
　　　5.2.5　Windows 网络操作系统 116
　5.3　网络服务器典型应用配置实训项目 122
　　　实训任务一　应用虚拟机练习安装 Windows Server 2008 操作系统 122
　　　实训任务二　Windows Server 2008 操作系统 Web 服务器的安装配置 129
　　　实训任务三　Windows Server 2008 域名服务器 DNS 的安装配置 133

思考与练习 5 ·· 136

模块 6　网络安全ㆍㆍ138

　　6.1　网络安全概述 ·· 138
　　6.2　病毒防范 ··· 141
　　6.3　黑客防范 ··· 143
　　6.4　防火墙技术 ·· 146
　　6.5　入侵检测系统概述 ·· 149
　　6.6　网络安全实训项目 ·· 150
　　　　实训任务一　练习使用网络管理常用 DOS 命令 ······························ 150
　　　　实训任务二　构建个人计算机安全防线 ·· 154
　　　　实训任务三　练习使用扫描软件辅助网络安全管理 ························· 157
　　思考与练习 6 ·· 162

计算机网络技术综合达标训练ㆍㆍㆍㆍㆍㆍㆍㆍㆍㆍㆍㆍㆍㆍㆍㆍㆍㆍㆍㆍㆍㆍㆍㆍㆍㆍㆍㆍㆍ163

模块 1　走进计算机网络世界

1.1　计算机网络概述

唐代大诗人王勃写过一句脍炙人口的诗句"海内存知己，天涯若比邻"，它的意思是说，心意相通的知己朋友，即使相隔天涯，也能像邻居一样近在咫尺。计算机网络的出现，尤其是因特网的飞速发展，使得这一切不再是古人的设想，而是已经变成了现实。计算机网络是计算机技术和通信技术相结合的产物。计算机网络可以把地理位置分散的计算机应用系统连接在一起，实现资源共享、分布处理和相互通信。

1.1.1　计算机网络的发展历程

1946 年世界上第一台电子计算机问世，在之后的十多年时间里，由于价格很昂贵，计算机数量极少。早期所谓的计算机网络主要是为了解决这一问题而产生的，其形式是将一台计算机经过通信线路与若干台终端直接连接，这种形式就是最简单的局域网的雏形。

最早的 Internet 是由美国国防部高级研究计划局（ARPA）建立的。现代计算机网络的许多概念和方法，如分组交换技术等，都来自 ARPAnet。ARPAnet 不仅进行了分组交换技术研究，而且做了无线、卫星网的分组交换技术研究，其结果就是 TCP/IP 的问世。

1977—1979 年，ARPAnet 推出了目前形式的 TCP/IP 体系结构和协议。1980 年前后，ARPAnet 上的所有计算机开始了 TCP/IP 协议的转换工作，并以 ARPAnet 为主干网建立了初期的 Internet。1983 年，ARPAnet 的全部计算机完成了向 TCP/IP 的转换，并在 UNIX 上实现了 TCP/IP。ARPAnet 在技术上最大的贡献就是 TCP/IP 协议的开发和应用。两个著名的科学教育网 CSNET 和 BITNET 先后建立。1984 年，美国国家科学基金会 NSF 规划建立了 13 个国家超级计算中心及国家教育科技网，从而替代了 ARPAnet 的骨干地位。1988 年 Internet 开始对外开放。1991 年 6 月，在连通 Internet 的计算机中，商业用户的数量首次超过了学术界用户的数量，这是 Internet 发展史上的一个里程碑，从此 Internet 成长速度一发不可收拾。

归纳起来，计算机网络的发展主要分为以下四个阶段。

第一阶段：面向终端的计算机网络

20 世纪 60 年代早期，主机是网络的中心和控制者，终端（键盘和显示器）分布在各处并与主机相连，用户通过本地的终端使用远程的主机。

第二阶段：多台计算机互联的计算机网络

20 世纪 60 年代中期，实现了多个主机互联，实现计算机和计算机之间的通信。

第三阶段：面向标准化的计算机网络

1981 年国际标准化组织（ISO）制定开放体系互联基本参考模型（OSI/RM），使不同厂家生产的计算机之间实现了互联，由此 TCP/IP 协议诞生。

第四阶段：面向全球互联的计算机网络

此阶段实现了：宽带综合业务数字网——信息高速公路；ATM 技术、ISDN、千兆位以太网技术；网络通信交互性应用——网上电视点播、电视会议、可视电话、网上购物、网上银行、网络图书馆等。

我国 Internet 的发展以 1987 年通过中国学术网 CANET 向世界发出的第一封 E-mail 为标志。经过几十年的发展，我国形成了四大主流网络体系：中科院的科学技术网 CSTnet；国家教育部的教育和科研网 CERnet；原邮电部的 Chinanet 和原电子部的金桥网 CHINAGBN。

Internet 在中国的发展历程可以大致划分为以下三个阶段。

第一阶段：研究试验阶段（1987—1993 年）

在此期间中国一些科研部门和高等院校开始研究 Internet 技术，并开展了科研课题和科技合作工作，但这个阶段的网络应用仅限于小范围内的电子邮件服务。

第二阶段：起步阶段（1994—1996 年）

1994 年 4 月，中关村地区教育与科研示范网络工程进入 Internet，从此中国被国际上正式承认为有 Internet 的国家。之后，Chinanet、CERnet、CSTnet、Chinagbnet 等多个 Internet 网络项目在全国范围相继启动，Internet 开始进入公众生活，并在中国得到了迅速的发展。至 1996 年底，中国 Internet 用户数已达 20 万，利用 Internet 开展的业务与应用逐步增多。

第三阶段：快速发展阶段（1997 年至今）

国内 Internet 用户数在 1997 年以后基本保持每半年翻一番的增长速度。增长到今天，上网用户数以亿计。

1.1.2 计算机网络的概念及主要功能

计算机网络是将分布在不同地理位置的具有独立功能的计算机通过通信设备和传输介质相互连接，并遵守共同的协议，实现相互通信、资源共享和协同工作。

计算机网络的功能主要表现在资源共享、网络通信、提高计算机可靠性、分担负荷、集中控制等方面。

（1）资源共享

资源共享是指网络中的计算机可以共享网络中的软件和硬件资源。

（2）网络通信

计算机网络为分布在各地的用户提供了强有力的通信手段，用户可以通过计算机网络传送电子邮件、发布新闻消息和进行电子商务活动，实现相互通信和信息交换。

（3）可靠性高

计算机网络中分布在不同地理位置的计算机可以互为备份，当单台计算机暂时失效时可通过备份提供资源，使计算机系统的可靠性得到很大提高。

（4）负载平衡与分布式处理

通过负载平衡，计算机用户的要求可以在网络中找到最合适的计算机系统来完成；分布式处理则是把任务分散到网络中不同的计算机上并行处理，大大提高了工作效率，降低了成本。

（5）集中控制

对于火车订票、银行业务、证券交易等组织分散但需要统一集中管理的事务，可通过计算机网络实现集中控制管理。

1.1.3　计算机网络的分类

从不同的角度看，计算机网络有不同的分类方法。按照网络规模的大小和通信距离的远近将计算机网络划分为广域网、城域网和局域网的分类方法是最常用的。

（1）局域网（Local Area Network，LAN）

局域网规模相对较小，计算机硬件设备不多，通信线路不长，距离一般不超过几十千米，常指一个部门或单位组建的小范围网络，可以是一个建筑物内、一所学校内、一个单位内等。局域网规模小、速度快，应用非常广泛，是计算机网络中最活跃的领域之一，如图1-1所示。

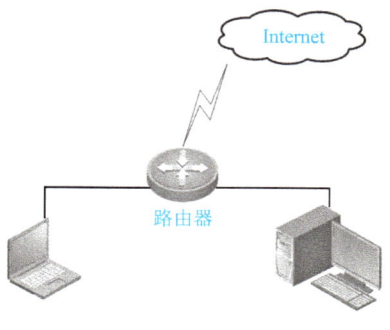

图1-1　局域网

（2）广域网（Wide Area Network，WAN）

广域网的作用范围通常为几十到几千甚至上万千米，可以跨越辽阔的地理区域进行长距离的信息传输，可以是一个地区、一个省或一个国家。在广域网内，用于通信的传输装置和介质一般由电信部门提供，网络则由多个部门或国家联合组建，网络规模大，能实现较大范围的资源共享。

（3）城域网（Metropolitan Area Network，MAN）

城域网的作用范围介于广域网和局域网之间，是指一个城市或地区组建的网络，地域范围可从几十千米到上百千米。城域网及宽带城域网的建设已成为目前网络建设的热点，如图1-2所示。

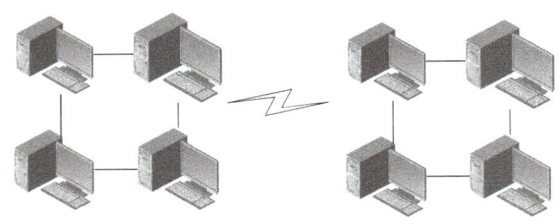

图1-2　城域网

广域网、城域网和局域网的划分是相对的，随着计算机网络技术的发展，三者的界限将变得模糊。

计算机网络按照网络中计算机所处的地位划分可以分为对等网络、基于客户机/服务器模式的网络。

（1）对等网络

对等网络是指网络中每台计算机的地位平等，都可以平等地使用其他计算机内部资源的网络。对等网中，没有专用的服务器，每台计算机既为服务器，又为客户机，既为其他计算机提供服务，又从其他计算机那里获取服务。对等网适合于小型的、任务轻的、安全要求不高的局域网，如图1-3所示。

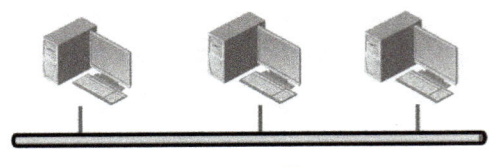

图1-3　对等网

（2）基于客户机/服务器模式的网络

计算机网络中专门设立了一台计算机来存储和管理需要共享的资源，这台计算机被称为服务器，其他计算机被称为工作站。服务器除了负责保存网络的配置信息，还负责为客户机提供各种服务，客户机主要用于向服务器发送请求，获得相关服务，如图1-4所示。当需要构建一个复杂的企业网络时，适合采用基于客户机/服务器模式的网络。

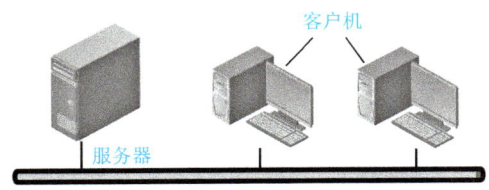

图1-4　基于客户机/服务器模式的网络

1.2 计算机网络的组成与结构

1.2.1 计算机网络的基本组成

计算机网络是由网络硬件系统和网络软件系统构成的。从拓扑结构上讲，计算机网络是由一些网络节点和连接这些节点的通信链路构成的；从逻辑功能上讲，计算机网络由资源子网和通信子网两个子网组成，如图1-5所示。

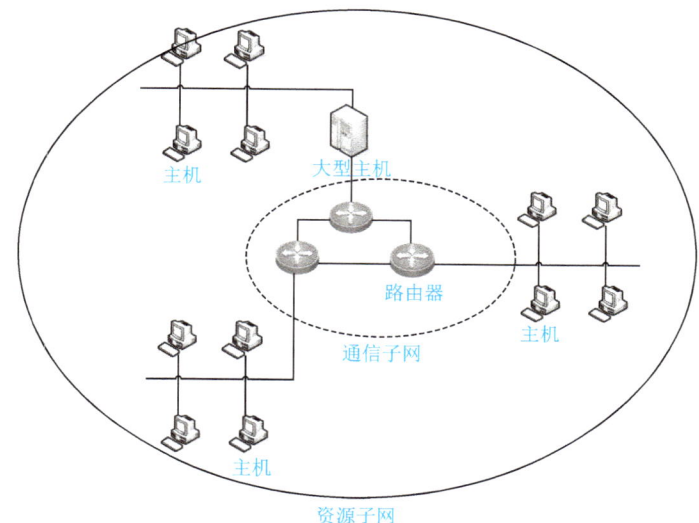

图1-5 资源子网与通信子网

资源子网主要负责整个网络的信息处理，为网络用户提供网络服务和资源共享功能等，它主要包括网络中所有的主机、I/O设备、终端、网络软件和数据库等。通信子网主要负责整个网络的数据通信，为网络用户提供数据传输、转接、加工和交换等通信处理工作。通信子网主要包括通信线路（传输介质）、网络连接设备（如网络接口设备、通信控制处理机、网桥、路由器、交换机、网关、调制解调器、卫星地面接收站等）、网络通信协议和通信控制软件等。

1.2.2 计算机网络的拓扑结构

计算机网络的拓扑结构是指网络节点和通信线路组成的几何排列，也称网络物理结构图形。

（1）总线型

这种结构采用单根传输线路作为公共传输信道，这个公共的信道称为总线，所有网络节点通过专用连接器连接到总线上，总线具有信息的双向传输功能，如图 1-6 所示。总线型拓扑结构的优点是结构简单、便于扩充、安装使用方便；缺点是由于信道共享，连接的节点不宜过多，否则会影响传输速度，在目前的网络建设实践中很少采用。

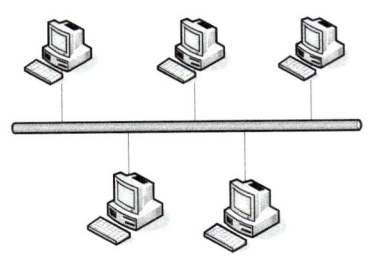

图 1-6　总线型拓扑结构

（2）星型

星型拓扑结构是一种以中央节点为中心，把若干外围节点连接起来的辐射式互联结构，如图 1-7 所示。星型拓扑结构的优点是系统稳定性好、安装容易、结构简单、故障率低；缺点是由于任何两个节点间通信都要经过中央节点，故中央节点出现故障时，整个网络会瘫痪。

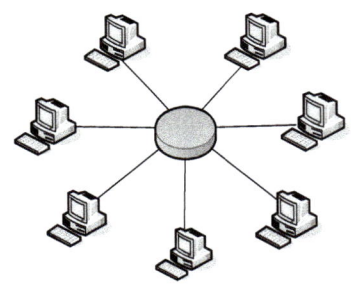

图 1-7　星型拓扑结构

（3）环型

环型拓扑结构是将工作站、共享设备（服务器、打印机等）等网络节点通过通信线路连接成闭合结构，如图 1-8 所示。环型拓扑结构的优点是：信息在网络中沿固定方向流动，两个节点间有唯一的通路，可靠性高；缺点是：由于整个网络构成闭合环路，网络扩充起来不方便，如果网络中某个节点发生故障，整个网络就不能正常工作。

（4）树型

树型拓扑结构是一种分层结构，各个网络节点按一定的层次连接起来，形状像一棵倒置的树，是一种适合分级管理和控制的网络系统。与星型相比，它的通信线路总长度短，成本较低，节点易于扩充，寻找路径比较方便，故障也容易分离处理；缺点是整个网络对根节点的依赖性很大，一旦网络的根节点发生故障，整个系统就不能正常工作，如图 1-9 所示。

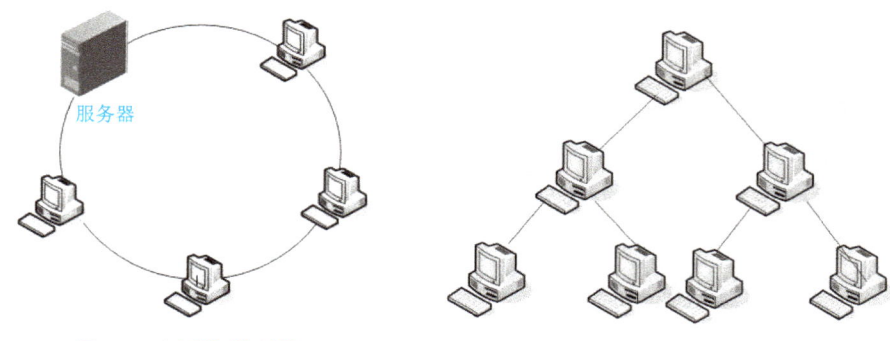

图 1-8 环型拓扑结构　　　　　　　图 1-9 树型拓扑结构

（5）网状型

网状拓扑结构是将各网络节点与通信线路互联成各种形状，每个节点至少要与其他两个节点相连，如图 1-10 所示。在网状结构的网络中，传输数据时可充分、合理地使用网络资源，具有很高的可靠性，大型互联网一般采用网状结构。

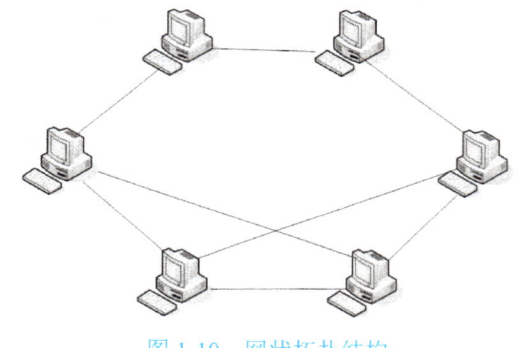

图 1-10 网状拓扑结构

1.3 计算机网络体系结构

1.3.1 OSI/ISO 开放系统互联参考模型

为了实现不同制造商的计算机产品之间进行相互通信，20 世纪 70 年代后期，国际标准化组织 ISO 和国际电报电话咨询委员会（CCITT）共同制定了开放系统互联参考模型 OSI/RM（Open System Interconnection/Reference Model），也就是七层网络通信模型，通常称为 OSI 参考模型，它的颁布促使所有的计算机网络走向标准化，从而具备了开放和互联的条件，即只要遵循 OSI 标准，一个系统就可以与位于世界上任何地方、遵循同样标准的其他系统进行通信。

OSI 参考模型描述了信息或数据在计算机之间的通信过程，并把实现有效通信所需要的所有过程划分为七个层次：物理层、数据链路层、网络层、传输层、会话层、表示层、应用层。

划分层次的原则是：①网路中各节点都有相同的层次；②不同节点的同等层具有相同的功能；③同一节点内相邻层之间通过接口通信；④每一层使用下层提供的服务，并向其上一层提供服务；⑤不同节点的同等层按照协议实现对等层之间的通信。

（1）物理层

物理层是 OSI 参考模型七层中的最低层，也是 OSI 参考模型的第一层。物理层直接与物理信道相连接。物理层的主要功能是利用物理传输介质，为数据链路层提供物理连接，任务是透明地传送比特流。

计算机网络中使用了许多物理设备和各种传输介质，物理层对上一层的真正作用是要尽可能地屏蔽各种媒体和设备的具体特性，使得数据链路层感觉不到差异的存在，这样数据链路层就可以只考虑本层的协议和服务功能。

（2）数据链路层

数据链路层是 OSI 参考模型的第二层，负责接收来自物理层的位流形式的数据，并提取出帧封装后传送到上一层。同样，也将来自上一层的数据包封装成数据帧转发到物理层，并且负责处理接收端发回的确认帧的信息，以便提供可靠的数据传输。

（3）网络层

网络层是 OSI 参考模型的第三层，是 OSI 参考模型中核心的一层，传输的基本单元为分组或数据包，功能是实现在通信子网内源节点到目标节点分组的传送。数据链路层的数据在这一层被转换为数据包，然后通过路径选择、分段组合、流量控制等，将信息从一台网络设备传送到另一台网络设备。

（4）传输层

传输层位于 OSI 参考模型的第四层，是通信子网和资源子网的接口和桥梁，起到承上启下的作用。传输层的主要任务是向用户提供可靠的端到端的服务，传输的基本单元为数据报文或数据段。传输层向高层屏蔽下层数据通信的细节，即向用户透明地传送报文。

（5）会话层

会话层是 OSI 参考模型的第五层，是用户应用程序和网络之间的接口，负责建立和维护两个节点间的会话连接和数据交换。

会话层不参与具体的数据传输，只是对数据传输进行管理，并建立、组织和协调两个互相通信的进程之间的交互。

（6）表示层

表示层是 OSI 参考模型的第六层，负责对来自应用层的命令和数据进行解释，对各种语法赋予相应的含义，并按照一定的格式传送给会话层。其主要功能是处理两个通信系统中数据表示方面的问题，包括数据的编码、格式的转换、压缩、恢复和加密、解密等。

（7）应用层

应用层是 OSI 参考模型的最高层，是最接近用户的一层，主要功能是为用户的应用程序提供网络服务，是用户使用网络功能的接口。

OSI 参考模型的每一层都提供一个特殊的网络功能。物理层、数据链路层、网络层和传输层（低四层）主要提供数据传输和交换功能，即以节点到节点之间的通信为主，其中传输层作为上下两部分的桥梁，是整个网络体系结构中非常关键的部分。会话层、表示层和应用层（高三层）以提供用户与应用程序之间的信息和数据处理功能为主。概括地讲，通信子网的功能由低四层完成，资源子网的功能由高三层完成。如图 1-11 所示为 OSI 参考模型对等层通信结构图。

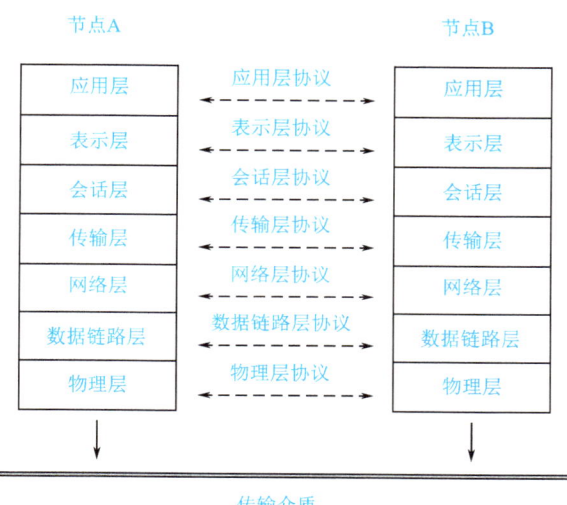

图 1-11　OSI 参考模型对等层通信结构图

1.3.2　TCP/IP 网络协议

网络间的互联需要网络用户共同遵守一个协议，这个协议是网络协议。作为 Internet 使用的协议，TCP/IP 协议是目前被广泛使用的网络协议。

TCP/IP 协议不是 OSI 标准，但它是目前最流行的商业化协议，并被公认为当前的工业标准。

TCP/IP 协议的特点是：开放的协议标准，独立于特定的计算机硬件和操作系统；统一分配网络地址，使整个 TCP/IP 设备在网络中具有唯一的 IP 地址；适用于局域网、广域网和互联网中；可以为用户提供多种可靠的网络服务。

TCP/IP 参考模型由上到下分为四个层次：应用层、传输层、网络层和网络接口层。

（1）应用层

应用层直接向用户提供服务，相当于 OSI 参考模型的高三层，包括了所有的高层协议，并不断有新协议加入。常用的协议有：

- 网络终端协议 Telnet——用于实现互联网中的远程登录；
- 文件传输协议 FTP——用于实现互联网中交互式文件传输功能；

- 电子邮件协议 SMTP——用于实现互联网中电子邮件传送功能；
- 域名服务 DNS——用于实现网络设备名字到 IP 地址映射的网络服务；
- 路由信息协议 RIP——用于网络设备之间交换信息；
- 网络文件系统 NFS——用于网络中不同主机间的文件共享；
- 超文本传输协议 HTTP——用于 WWW 服务。

（2）传输层

传输层的功能是在互联网中的两个通信主机的相应应用进程之间建立端到端的连接，传输层包括两种协议。

- 传输控制协议 TCP（Transport Control Protocol）——是一种可靠的面向连接的协议；
- 用户数据报协议 UDP（User Data gram Protocol）——是一种不可靠的面向无连接的协议。

（3）网络层

网络层也称 IP 层或互联网络层，负责把源主机的数据报发送到目的主机，并实现跨网传输。功能包括：处理来自传输层的分组发送请求；处理接收的数据报；处理互联网中的路径、流量控制、拥塞控制等问题。

网络层主要协议包括：

- 互联网络协议（IP）——使用 IP 地址确定收发端，提供端到端的"数据报"传递，并规定计算机在 Internet 上通信时需要遵守的一些基本规则；
- ICMP 协议——协助 IP 层实现报文传送的控制机制，提供错误和信息报告；
- ARP 协议——将网络层地址转换成数据链路层地址；
- RARP 协议——将数据链路层地址转换成网络层地址。

（4）网络接口层

网络接口层又称网络访问层，负责通过网络发送和接收 IP 数据报。网络访问层使用的协议并没有做硬性规定，允许主机连入网络时使用多种现成的和流行的协议。网络访问层的协议主要有局域网的以太网协议、令牌环协议、FDDI 协议、ATM 协议等。

TCP/IP 参考模型与 OSI 参考模型的层次对应关系如图 1-12 所示。

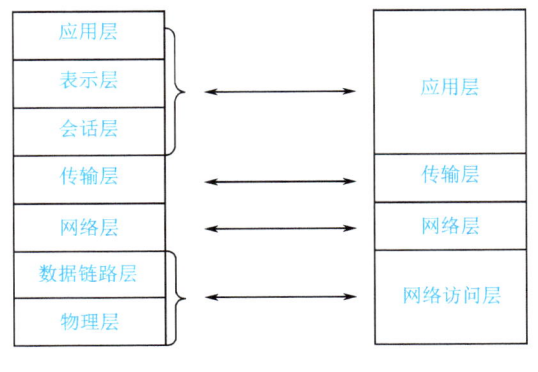

图 1-12　TCP/IP 参考模型与 OSI 参考模型的层次对应关系

IP 协议是 TCP/IP 体系中的网络层协议，TCP、UDP、ICMP 等协议都是以 IP 协议为基础的，IP 协议是 TCP/IP 协议中的核心协议。IP 协议作为一种通用协议，允许任何地点的任何计算机在任何时间进行通信。

1.4 数据通信基础知识

1.4.1 数据通信的基本概念

- 信息：消息所包含的内容，载体是数字、文字、语音、图形、图像等。计算机及其外部设备产生和交换的信息都是以二进制的代码来表示的字母、数字或控制符号。
- 数据：传输的二进制代码。

数据与信息的区别在于：数据涉及事物的表示形式，而信息涉及数据的内容和解释。

- 信号：是数据在传输过程中电信号的表示形式，包括模拟信号和数字信号。
- 信道：通信中传输信息的通道，由相应的发送信息与接收（或转发）信息的设备，以及与之相连接的传输介质组成。
- 信道带宽：信道两端的发送、接收设备能够传输比特信号的最大速率称为带宽，单位为 Hz。
- 信道容量：单位时间内信道上所能传输的最大比特数，单位为 bps。
- 码元：也称码位，是对计算机网络传送的二进制数字中的每一位的通称。
- 码字：由若干码元序列表示的数据单元代码。

1.4.2 数据通信系统主要技术指标

数据通信系统的主要技术指标包括数据传输速率、信号传输速率、信道容量、误码率等。

- 数据传输速率：指单位时间内所传送的二进制代码的有效位（bit）数，也称比特率，单位是比特每秒（bps）。常用的数据传输速率单位有 kbps、Mbps、Gbps 与 Tbps，其中：

  $1\text{kbps} = 10^3$ bps，$1\text{Mbps} = 10^6$ bps，$1\text{Gbps} = 10^9$ bps，$1\text{Tbps} = 10^{12}$ bps

- 信号传输速率：是指单位时间内通过信道传输的码元个数，也称码元速率、调制速率或波特率，单位是波特（Baud）。

信号传输速率的计算公式是 $B=1/T$（Baud），其中 T 为信号码元的宽度，单位为秒。

波特率与比特率的关系为：$S=B\log_2 N$（bps）或 $B=S/\log_2 N$（Baud）

- 信道容量：指一个信道的最大数据传输速率，与数据传输速率的区别是信道容量表示信道的最大数据传输速率，是信道传输数据能力的最大值，数据传输速率是实际的数据传输速率。信道容量的单位是位每秒（bit/s 或 bps）。
- 误码率：指二进制数据位传输时出错的概率，是衡量数据通信系统在正常工作时的传输可靠性的指标。一般计算机网络通信系统要求误码率低于 10^{-6}。

1.4.3 数据传输方式

数据传输方式是数据在信道上传送所采取的方式。按数据传输的顺序可以分为并行传输和串行传输；按数据传输的同步方式可分为同步传输和异步传输；按数据传输的流向和时间关系可以分为单工、半双工和全双工数据传输。

- 并行传输与串行传输

并行传输是将数据以成组的方式在两条以上的并行信道上同时传输。例如，采用 8 单位代码字符可以用 8 条信道并行传输，一条信道一次传送一个字符。因此不需要其他措施就实现了收发双方的字符同步，但缺点是传输信道多、设备复杂、成本较高，故较少采用。

串行传输是数据流以串行方式在一条信道上传输，该方法易于实现，但缺点是要解决收、发双方码组或字符的同步时需要外加同步措施。串行传输采用较多。

- 同步传输与异步传输

在串行传输时，接收端如何从串行数据流中正确地划分出发送的一个个字符所采取的措施称为字符同步。根据实现字符同步方式的不同，数据传输有异步传输和同步传输两种方式。

异步传输每次传送一个字符代码（5~8bit），在发送的每一个字符代码的前面均加上一个"起"信号，其长度规定为 1 个码元，极性为"0"，后面均加一个"止"信号，在采用国际电报 2 号码时，"止"信号长度为 1.5 个码元，在采用国际 5 号码（见数据通信代码）或其他代码时，"止"信号长度为 1 或 2 个码元，极性为"1"。字符可以连续发送，也可以单独发送；不发送字符时，连续发送"止"信号。每个字符的起始时刻可以是任意的（这也是异步传输的含意所在），但在同一个字符内各码元长度应相等。接收端则根据字符之间的"止"信号到起信号的跳变（"1"→"0"）来检测识别一个新字符的"起"信号，从而正确地区分出一个个字符。因此，这样的字符同步方法又称起止式同步。该方法的优点是：实现同步比较简单，收、发双方的时钟信号不需要精确的同步；缺点是每个字符增加了 2~3bit，降低了传输效率。它常用于 1200bps 及以下的低速数据传输。

同步传输是以固定时钟节拍来发送数据信号的。在串行数据流中，各信号码元之间的相对位置都是固定的，接收端要从收到的数据流中正确区分发送的字符，必须建立位定时同步和帧同步。位定时同步又叫比特同步，其作用是使数据电路终接设备（DCE）接收端的位定时时钟信号和 DCE 收到的输入信号同步，以便 DCE 从接收的信息流中正确判决出一个个信号码元，产生接收数据序列。DCE 发送端产生定时的方法有两种：一种是在数据终端设备（DTE）内产生位定时，并以此定时的节拍将 DTE 的数据送给 DCE，这种方法叫外同步；另一种是利用 DCE 内部的位定时来提取 DTE 端数据，这种方法叫内同步。对于 DCE 的接收端，均是以 DCE 内的位定时节拍将接收数据送给 DTE。帧同步就是从接收数据序列中正确地进行分组或分帧，以便正确地区分出一个个字符或其他信息。同步传输方式的优点是不需要对每一个字符单独加"起""止"码元，因此传输效率较高；缺点是实现技术较复杂。同步传输方式通常用于速率为 2400bit/s 及以上的数据传输。

- 单工、半双工和全双工数据传输

按数据传输的流向和时间关系，数据传输方式可以分为单工、半双工和全双工数据传输。

单工数据传输是两数据站之间只能沿一个指定的方向进行数据传输，即一端的 DTE 固定为数据源，另一端的 DTE 固定为数据宿。

半双工数据传输是两数据站之间可以在两个方向上进行数据传输，但不能同时进行，即每一端的 DTE 既可作为数据源，也可作为数据宿，但不能同时作为数据源与数据宿。

全双工数据传输是在两数据站之间,可以在两个方向上同时进行传输,即每一端的 DTE 均可同时作为数据源与数据宿。通常四线线路实现全双工数据传输，二线线路实现单工或半双工数据传输。在采用频率复用、时分复用或回波抵消等技术时，二线线路也可实现全双工数据传输。

1.4.4 数据交换技术

在数据通信系统中，当终端与计算机之间，或者计算机与计算机之间不是直通专线连接，而是要经过通信网的接续过程来建立连接的时候，两端系统之间的传输通路就是通过通信网络中若干节点转接而成的所谓"交换线路"。

在任意拓扑的数据通信网络中，通过网络节点的某种转接方式来实现从一端系统到另一端系统之间接通数据通路的技术，称为数据交换技术。

数据交换技术主要是电路交换、分组交换和报文交换。

这三种交换方式各有优缺点，因而各有适用场合，并且可以互相补充。与电路交换相比，分组交换电路利用率高，可实现变速、变码、差错控制和流量控制等功能。与报文交换相比，分组交换时延小，具备实时通信特点。分组交换还具有多逻辑信道通信的能力。但分组交换体现出的优点是有代价的：将报文划分成若干分组，每个分组前要加一个有关控制与监督信息的分组头，由此增加了网络开销。所以，分组交换适用于报文不是很长的数据通信，电路交换适用于报文长且通信量大的数据通信

总之，若要传送的数据量很大，且传送时间远大于呼叫时间时，则采用电路交换较为合适；当端到端的通路由很多段的链路组成时，采用分组交换传送数据较为合适。从提高整个网络的信道利用率上看，报文交换和分组交换优于电路交换，其中分组交换比报文交换的时延小，尤其适合计算机之间的突发式的数据通信。

1.4.5　差错检验与校正技术

在数据通信系统中，当终端与计算机之间，或者计算机与计算机之间不是直通专线连接，而是要经过通信网的接续过程来建立连接的时候，两端系统之间的传输通路就是通过通信网络中若干节点转接而成的所谓"交换线路"。

差错校验是在数据通信过程中能发现或纠正差错，把差错限制在尽可能小的允许范围内的技术和方法。在数据通信中，将会使接收端收到的二进制数位和发送端实际发送的二进制数位不一致，从而造成由"0"变成"1"或由"1"变成"0"的差错。

常用的校验方法有两种：循环冗余码、奇偶校验码。

1.5　计算机网络新技术

1.5.1　5G 技术

第五代移动电话行动通信标准，也称第五代移动通信技术，即 5G，是对 4G 的延伸。5G 网络的理论下行速度为 10Gb/s（相当于下载速度为 1.25GB/s）。5G 的官方 Logo 如图 1-13 所示。

图 1-13　5G 官方 Logo

物联网尤其是互联网汽车等产业的快速发展，对网络传输速度有了更高的要求，这无疑成为推动 5G 网络发展的重要因素。因此在全球各地，均在大力推进 5G 网络，以迎接下一波科技浪潮。

2009 年，我国华为公司就已经展开了相关技术的早期研究，并在之后的几年里向外界展示了 5G 原型机基站。2016 年 1 月，中国启动了 5G 技术试验，为保证试验工作的顺利开展，IMT-2020（5G）推进组在北京怀柔规划建设了 30 个站的 5G 外场。2018 年 12 月 7 日，三大运营商已经获得 5G 试验频率使用许可批复，这意味着全国范围的大规模 5G 试验展开，进一步推动了我国 5G 产业链的成熟与发展。现在我国的 5G 技术已经走在了世界的最前列。5G 技术最大的意义就是高速、极低时延，有助于实现万物互联。

1.5.2 物联网

在互联网、传感网、通信、射频识别等新技术的推动下，一种能够实现人与人、人与机器、人与物、物与物之间直接沟通的物联网（Internet of Things）已经全面深入我们的日常生活中，并推动社会向前发展。

在互联网时代，不仅人与人之间的距离变小了，沟通和交流变得高效快捷，而且人们的生活方式和世界观也有了快速改变。

在物联网时代，不仅物与物之间的距离变小了，实现了信息自动采集、传输和相互控制，而且再次快速改变了我们的生活方式，改变了人类对物质世界的认识和管理。

物联网被称为继计算机、互联网之后，世界信息产业的第三次浪潮。国际电联曾预测：未来世界是无所不在的物联网世界，到 2017 年将有 7 万亿传感器为地球上的 70 亿人口提供服务。由此可以看出，一方面，物联网可以用于提高经济效益，大大节约成本；另一方面，物联网可以为全球经济的复苏提供技术动力。目前，美国、欧盟等都在投入巨资，深入研究和探索物联网，中国政府也高度关注、重视物联网的研究。

1.5.3 大数据

最早提出"大数据"（Big Data）时代到来的是全球知名咨询公司麦肯锡，麦肯锡称："数据已经渗透到当今每一个行业和业务职能领域，成为重要的生产因素。人们对于海量数据的挖掘和运用，预示着新一波生产率增长和消费者盈余浪潮的到来。""大数据"在物理学、生物学、环境生态学等领域，以及军事、金融、通信等行业已存在有些时日了，并随着近年互联网和信息行业的发展而引起人们关注。

当今的社会是一个高速发展的社会，科技发达，信息流通，人们之间的交流越来越密切，生活也越来越方便，大数据就是这个高科技时代的产物。随着云时代的来临，大数据也获得了越来越多的关注。大数据通常是指一个公司创造的大量非结构化和半结构化数据，这些数据在下载到关系型数据库用于分析时会花费过多时间和金钱。大数据分析常和云计算联系到一起，因为实时的大型数据分析需要像 MapReduce 一样的框架来向数十、数百甚至数千台的计算机分配工作。在现今的社会，大数据的应用越来越彰显它的优势，它占领的领域也越来越广——电子商务、O2O、物流配送等，各种利用大数据进行发展的领域正在协助企业不断地发展新业务，创新运营模式。有了大数据这个概念，对于消费者行为的判断、产品销售量的预测、营销范围的精确化及存货的补给需求已经得到了全面的改善与优化。在互联网行业中，大数据指的是互联网公司在日常运营中生成、累积的用户网络行为的数据。

1.5.4 云计算

云计算（Cloud Computing）是分布式计算（Distributed Computing）、并行计算（Paralle Computing）、效用计算（Utility Computing）、网络存储（Network Storage）、虚拟化（Virtualization）、负载均衡（Load Balance）、热备份冗余（High Available）等传统计算机和网络技术融合发展的产物。

云计算是基于互联网相关服务的增加、使用和交互模式，通常涉及通过互联网来提供动态易扩展且经常是虚拟化的资源。

美国国家标准与技术研究院（NIST）定义云计算是一种按使用量付费的模式，这种模式提供可用的、便捷的、按需的网络访问，进入可配置的计算资源共享池（资源包括网络、服务器、存储、应用软件服务），这些资源能够被快速提供，而只需投入很少的管理工作，或者与服务供应商进行很少的交互。由于云计算应用的不断深入，以及对大数据处理需求的不断扩大，用户对性能强大、可用性高的 4 路、8 路服务器需求明显增加，这一细分产品同比增加超过 200%。被普遍接受的云计算的特点如下。

（1）超大规模。

"云"具有相当的规模，Google 云已经拥有 100 多万台服务器，Amazon、IBM、微软、Yahoo 等的"云"均拥有几十万台服务器。企业私有云一般拥有数百或上千台服务器。"云"能赋予用户前所未有的计算能力。

（2）虚拟化。

云计算支持用户在任意位置、使用各种终端获取应用服务。所请求的资源来自"云"，而不是固定的有形的实体。应用在"云"中某处运行，但实际上用户无须了解，也不用担心应用运行的具体位置。只需一台笔记本电脑或一部手机，就可以通过网络服务来实现我们需要的一切，甚至包括超级计算这样的任务。

（3）高可靠性。

"云"使用了数据多副本容错、计算节点同构可互换等措施来保障服务的高可靠性，使用云计算比使用本地计算机可靠。

（4）通用性。

云计算不针对特定的应用，在"云"的支撑下可以构造出千变万化的应用，同一个"云"可以同时支撑不同的应用运行。

（5）高可扩展性。

"云"的规模可以动态伸缩，满足应用和用户规模增长的需要。

（6）按需服务。

"云"是一个庞大的资源池，可以按需购买；云可以像自来水、电、煤气那样计费使用。

（7）极其廉价。

由于"云"拥有特殊容错措施，因此可以采用极其廉价的节点来构成"云"，"云"的自动化集中式管理使大量企业无须负担日益高昂的数据中心管理成本，"云"的通用性使资源的利用率较之传统系统大幅提升，因此用户可以充分享受"云"的低成本优势，只要花费几百美元，几天时间就能完成以前需要数万美元、数月时间才能完成的任务。

1.6 Cisco Packet Tracer 简介

在学习网络搭建的过程中，用实际设备构建一个真实的网络环境，要付出一定的成本，尤其是要构建各种不同类型的传输网络时更加困难。Cisco Packet Tracer（又称：模拟器）是由思科（Cisco）公司发布的一个网络搭建辅助学习工具，为网络课程的初学者设计、配置、排除网络故障提供了网络模拟环境。用户可以在软件的用户图形界面上直接使用拖曳的方法建立网络拓扑，并可了解数据包在网络中行进的详细处理过程，观察网络实时运行情况。

模拟器开启后的界面如图 1-14 所示，是标准的 Windows 窗口界面。界面由上到下分别是标题栏、菜单栏、主工具栏、工作区（可选择两种模式：逻辑工作区和物理工作区，常用的是打开程序时默认显示的逻辑工作区，可通过拖曳，将在下方设备区选择的设备移到逻辑工作区进行网络模拟搭建实验）、设备选择区和设备型号选择区（工作区下方）、公共工具栏（工作区右侧）、实时和模拟模式选择按钮（界面右下角）。主要功能标记如图 1-15 所示。

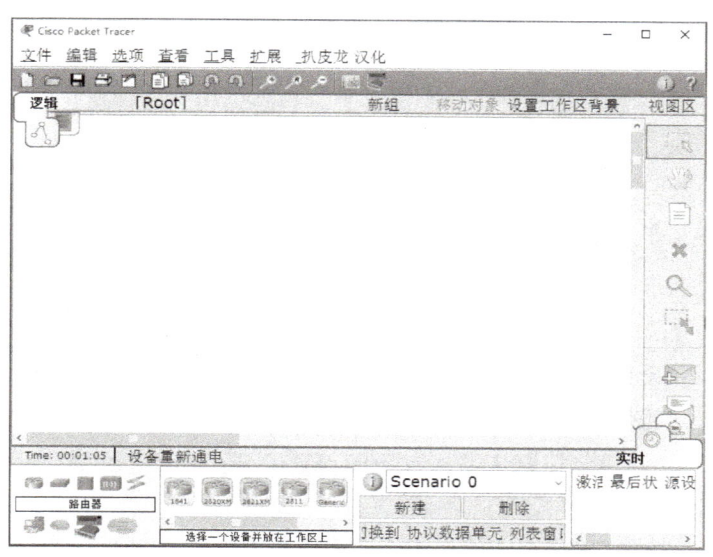

图 1-14 Cisco Packet Tracer 程序窗口界面

下面应用 Cisco Packet Tracer 模拟搭建一个简单的家庭网络。首先在设备选择区点选仿真广域网，在右侧设备型号选择区选择模拟互联网 Cloud-PT，拖曳到逻辑工作区合适的位置，标记为 Internet，如图 1-16 所示。

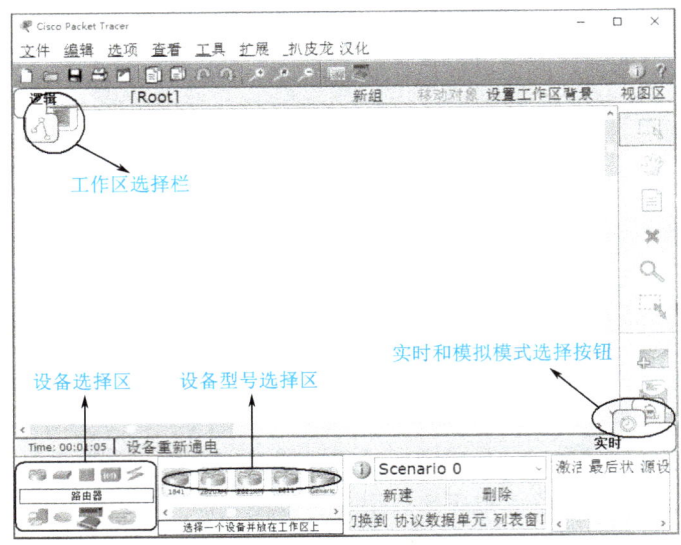

图 1-15　Cisco Packet Tracer 程序主要功能标记

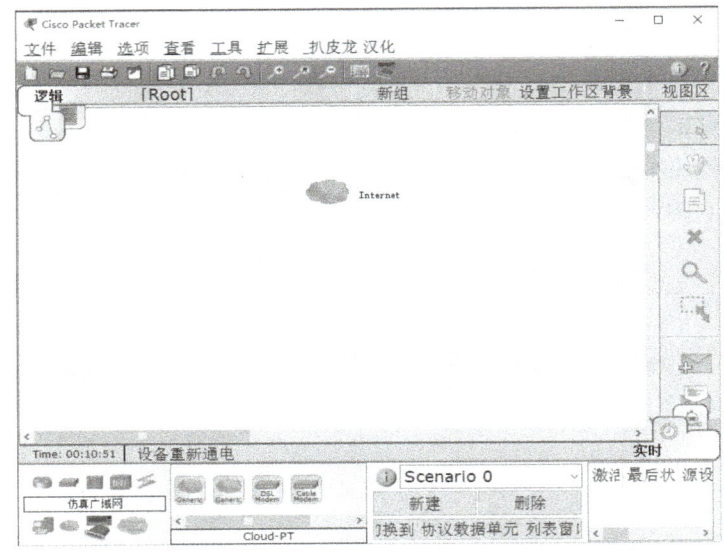

图 1-16　添加网络云到逻辑工作区

将桌面路由器 Linksys-WRT3000N、台式计算机 PC-PT、手机 PDA-PT 拖曳到逻辑工作区中合适的位置，如图 1-17 所示。可以在菜单栏选项中的首选项设置设备标签的显示或隐藏。此时，手机自动连接无线路由器所发出的 WiFi，其 SSID 默认为 default，通过 DHCP 自动获取一个 IP 地址。

选择设备连接跳线，选择直通线，然后单击模拟 Internet 的网络云，在弹出的快捷菜单中选择 Ethernet6 选项，如图 1-18 所示，然后单击无线路由器，在弹出的快捷菜单中选择广域网接口 Internet，如图 1-19 所示，这样路由器便连接到了外网。

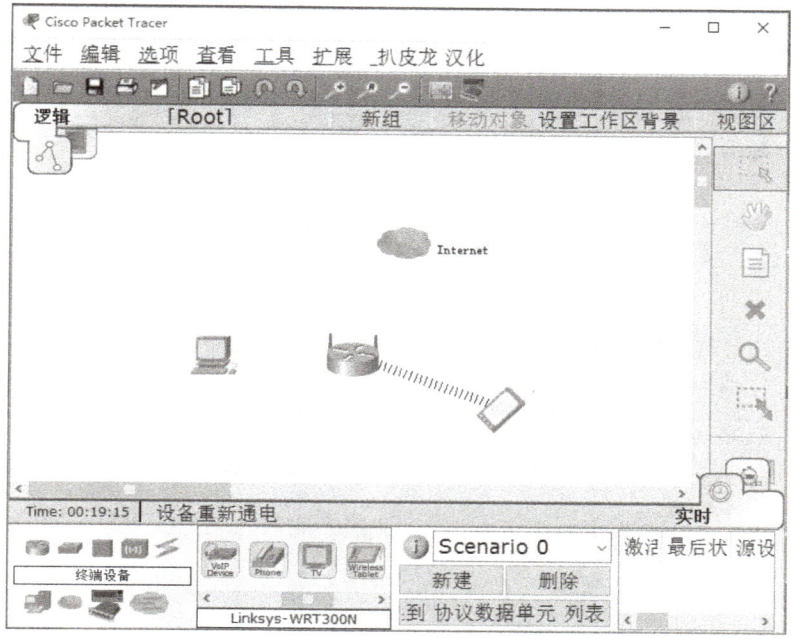

图 1-17 添加家庭网设备

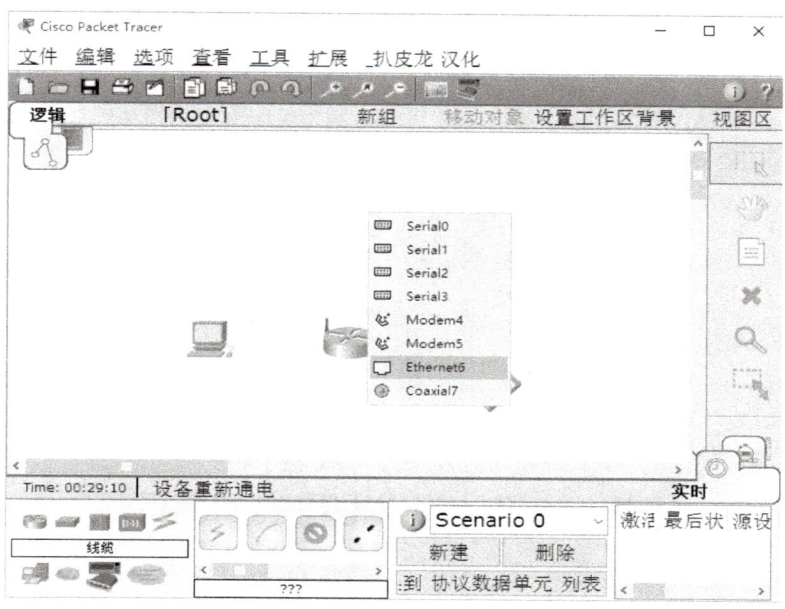

图 1-18 选择网络云接口

用直通线连接路由器 4 个 LAN 接口中的任意一个，如 Ethernet1 和 PC 的网卡接口 FastEthernet，这样就搭建了一个小型家庭网络，如图 1-20 所示。

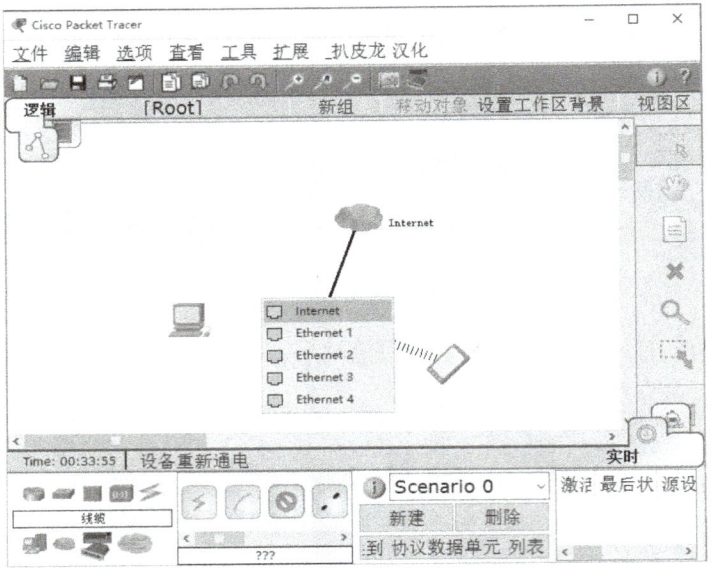

图 1-19　选择连接路由器广域网接口

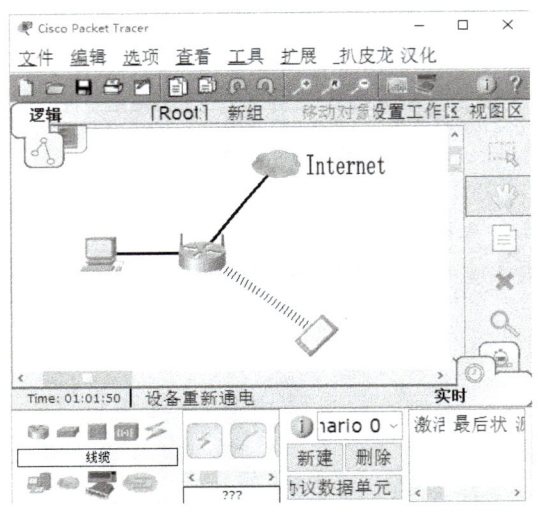

图 1-20　小型家庭网连接图

1.7　认识计算机网络实训项目

实训任务一　Windows 7 远程桌面连接设置

【实训目的】

1．掌握应用 Windows 7 操作系统进行远程桌面连接的配置方法；

2．学会通过远程桌面连接进行不同计算机文件互传；

3．理解计算机网络的概念和功能。

【实训设备】

安装了 Windows 7 系统的 PC 两台。

【实训步骤】

远程桌面连接，就是通过计算机系统设置，将两台计算机连接起来，主控计算机会显示被控计算机的桌面，并可以对其进行各种操作，从而实现远程办公。那么，远程桌面连接应该如何操作呢？

（1）右击桌面上的计算机图标，在弹出的快捷菜单中选择"管理"选项，单击"本地用户和用户组"，右击"用户"，通过右键菜单打开"新用户"对话框，创建新用户，如图 1-21 所示。若应用管理员用户进行远程操作，则可不创建新用户。

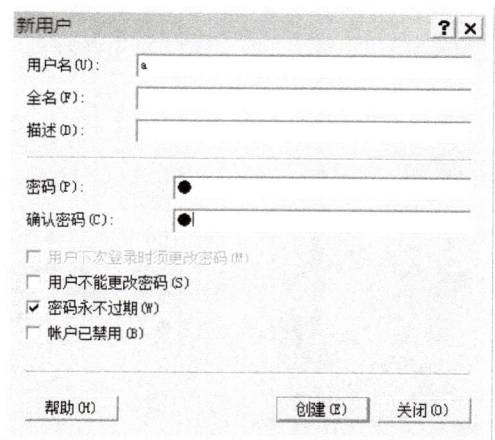

图 1-21　创建新用户

（2）右击已创建的新用户名，通过"隶属于"命令，定义新用户的权限所属的用户组，如图 1-22 所示。

（3）右击桌面上的计算机图标，在弹出的快捷菜单中选择"属性"选项，单击"高级系统设置"，选择"远程桌面"选项区的"允许运行任意版本远程桌面的计算机连接（较不安全）"单选项，单击"选择用户"按钮，选择创建的新用户，如图 1-23 所示。

（4）用机房中的已经和刚配置的远程桌面服务器连接为一个局域网的计算机作为客户机，打开 Windows 自带的远程桌面连接程序，输入服务器的 IP 地址，单击"连接"按钮，如图 1-24 所示。在弹出的窗口中输入在服务器创建的用户名和密码进行登录。

（5）测试。在服务器和客户机之间进行文件的复制、粘贴操作，体会远程办公。

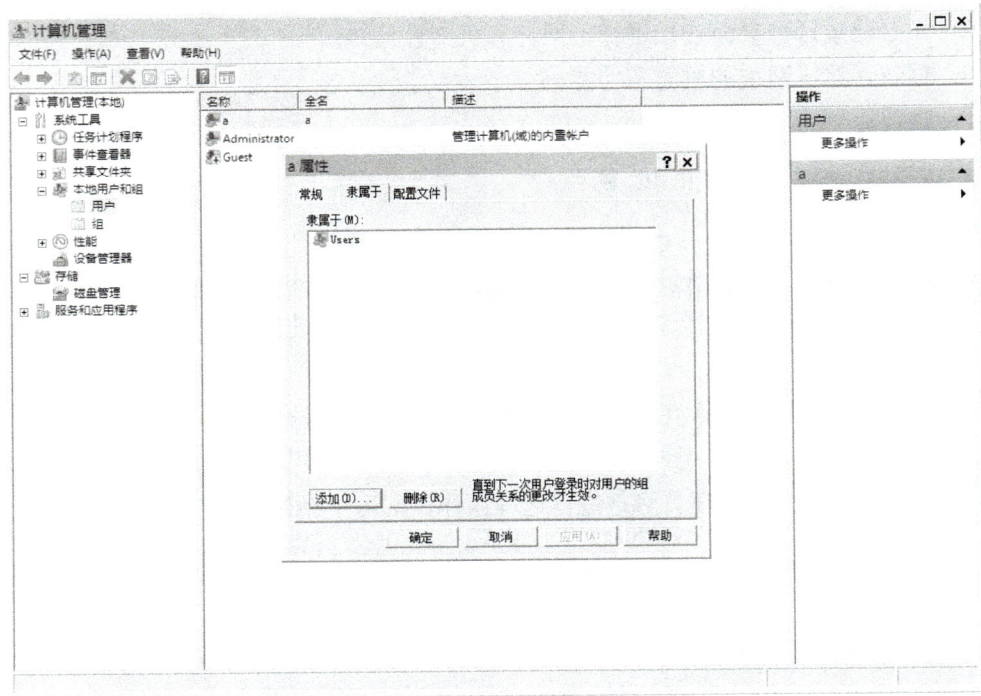

图 1-22　为新用户设置权限

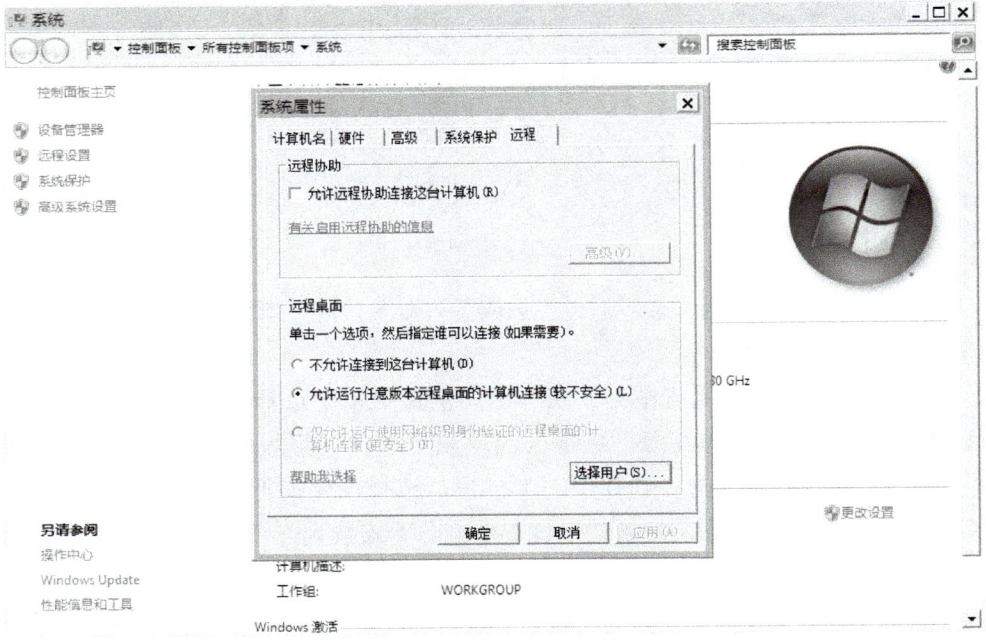

图 1-23　允许远程桌面连接功能

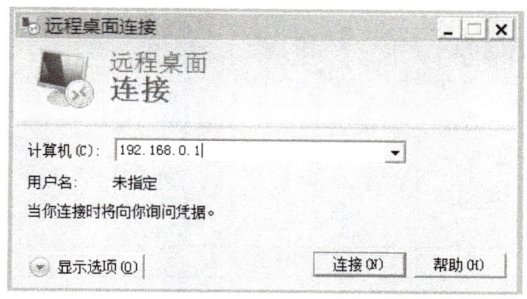

图 1-24　远程桌面连接

实训任务二　用 Cisco Packet Tracer 模拟搭建家庭网

【实训目的】

1．掌握 Cisco Packet Tracer 的使用方法；
2．学会配置无线路由器，搭建家庭网。

【实训设备】

已安装 Cisco Packet Tracer 的计算机一台。

【实训步骤】

（1）打开 Cisco Packet Tracer，将网络云、无线路由器、PC、手机拖曳到逻辑工作区，按如图 1-25 所示连接。

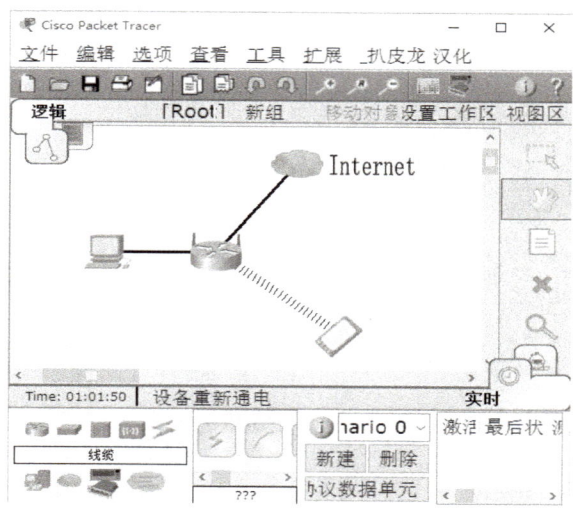

图 1-25　搭建家庭网

（2）设置主机 IP。单击主机，弹出配置窗口，选择"桌面"选项卡，在 IP 配置区选择"DHCP"单选项，由于路由器默认开启了 DHCP 功能，主机可自动获取 IP 地址、子网掩码及默认网关，如图 1-26 所示。

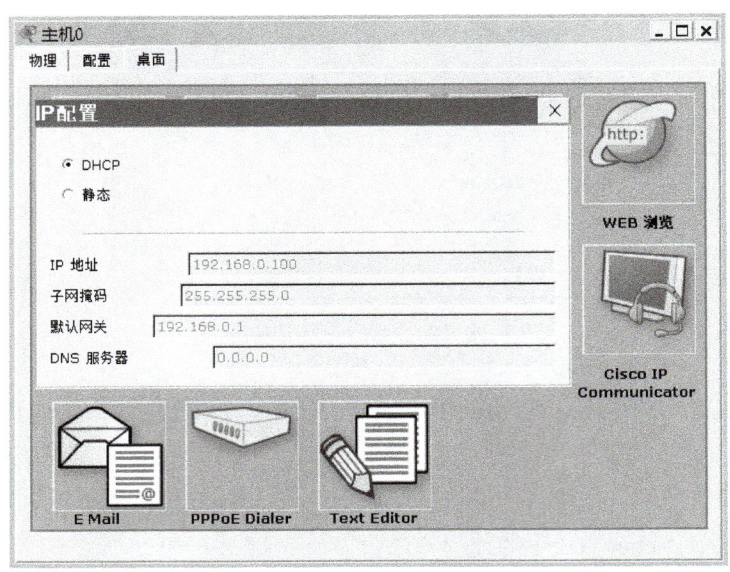

图 1-26　主机 IP 配置

（3）为路由器外网接口设置 ADSL 账号、密码。单击无线路由器，弹出如图 1-27 所示配置窗口，选择"互联网"选项，连接类型中有 3 个选项：DHCP、Static 和 PPPoE。家庭上网方式一般采用 ADSL，对应 PPPoE，因此输入从网络服务商处购买的 ADSL 用户名、密码，如图 1-28 所示。

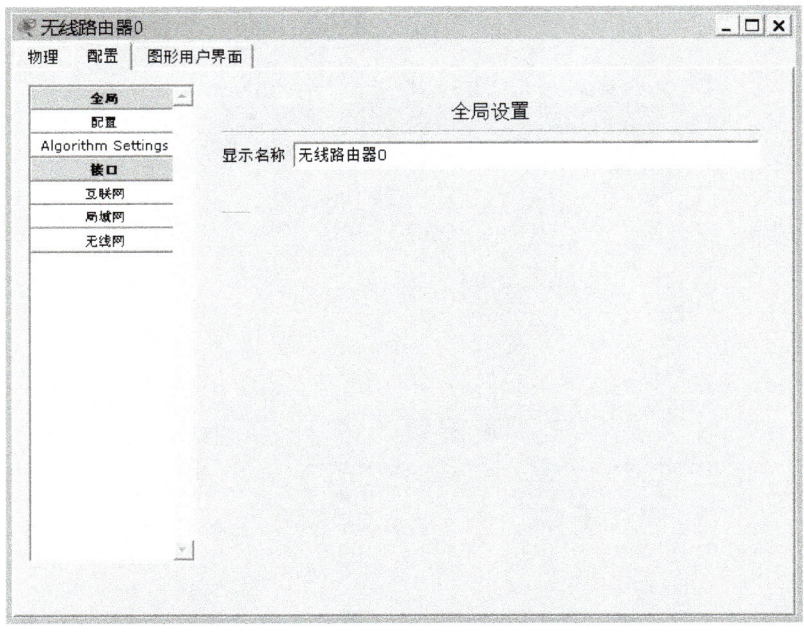

图 1-27　无线路由器配置窗口

模块 1　走进计算机网络世界

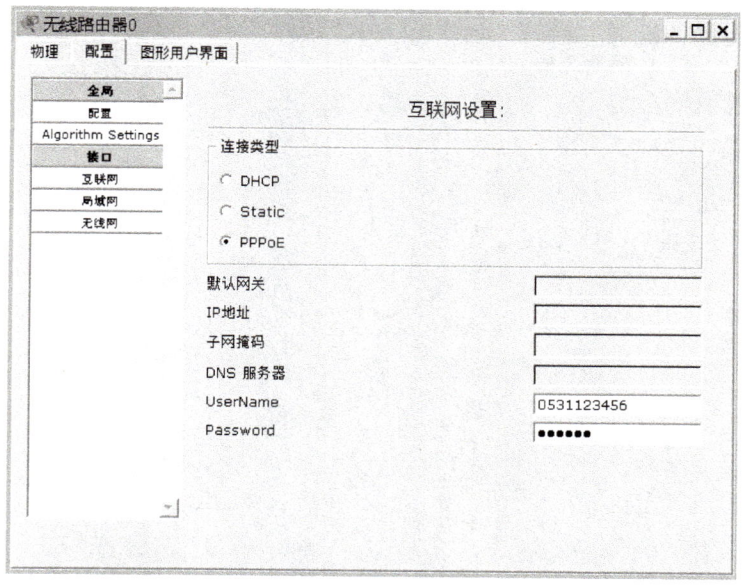

图 1-28　设置互联网接口信息

（4）设置路由器无线安全功能。在无线路由器配置窗口选择"无线网"选项，如图 1-29 所示。默认 SSID 参数为 default，安全认证状态为关闭。可修改 SSID 名称和开启安全认证方式。例如，将 SSID 参数更改为 ok，安全认证选择 WPA2-PSK 方式，输入密码 12345678，如图 1-30 所示。此时因安全信息更改，手机与路由器的无线连接断开。

（5）手机 WiFi 设置。单击手机，弹出设置窗口，选择"Wireless"选项，输入 SSID 的参数为 ok，输入与无线路由器相同的认证方式的密码 12345678，如图 1-31 所示。此时手机与路由器重新连接。这样便完成了一个小型家庭网的搭建。

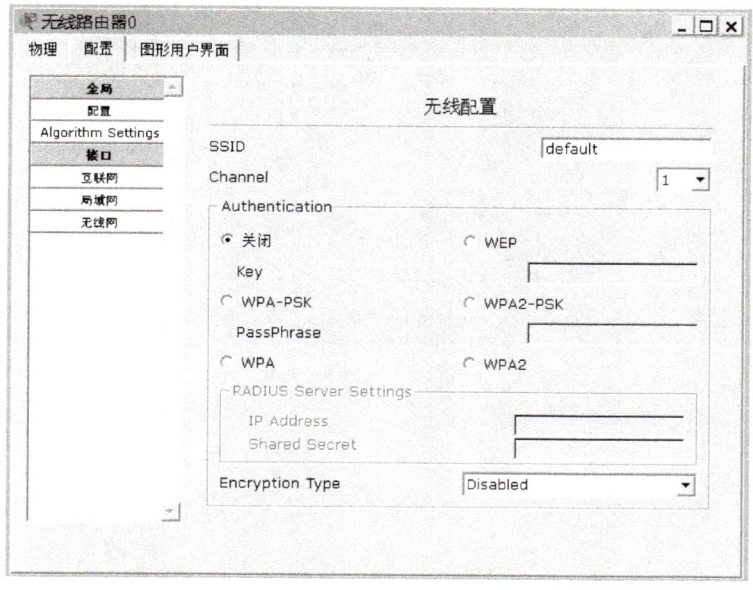

图 1-29　无线网配置窗口

025

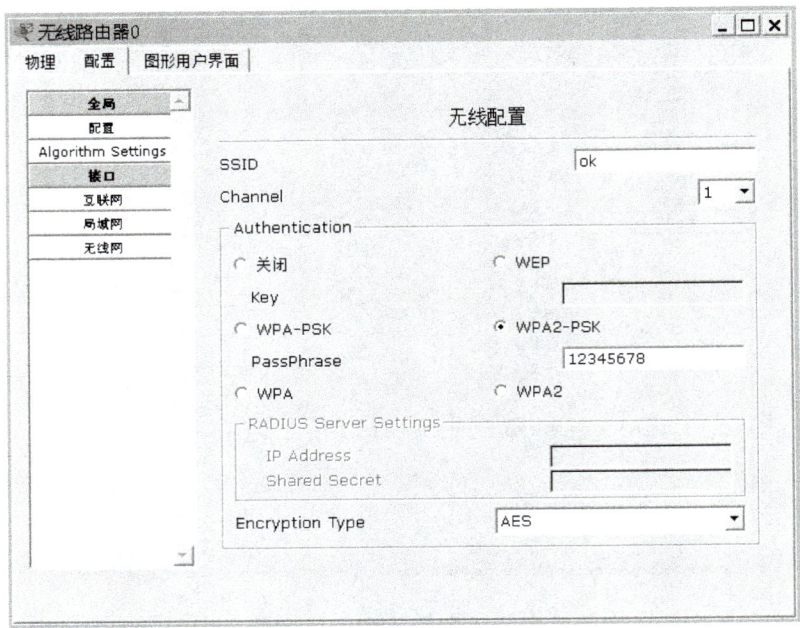

图 1-30 设置无线网安全信息

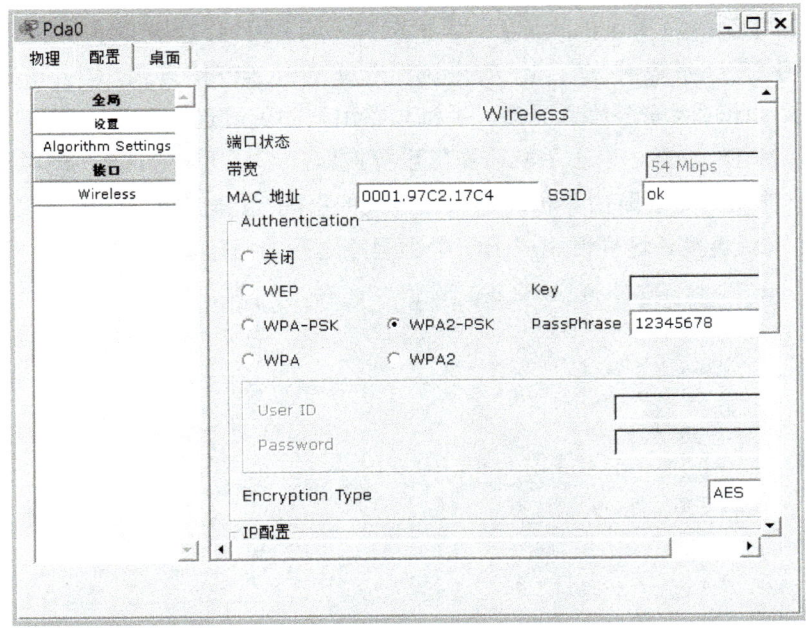

图 1-31 设置手机 WiFi 连接信息

思考与练习 1

一、填空题

1. _____和_____技术的互相结合，奠定了计算机网络的基础。
2. 按照网络规模大小和通信距离划分，计算机网络可分为_____、_____和_____；按照网络中计算机所处的地位划分，计算机网络可分为_____、_____。
3. 计算机网络可以把_____计算机应用系统连接在一起，实现_____、_____和相互通信的目的。
4. OSI 参考模型从低到高数第三层是_____层。
5. 环型拓扑的优点是结构简单、实现容易、传输延迟确定、适应传输负荷较重、可靠性高，缺点是_____。
6. 计算机互联的主要目的是_____。
7. 广域网覆盖的地理范围可达_____。
8. 一旦中心节点出现故障则整个网络瘫痪的局域网的拓扑结构是_____。
9. OSI 参考模型共分为七层，其中最低层是物理层，最高层是_____。
10. Internet 使用_____作为通信协议。

二、简答题

1. 什么是计算机网络？
2. 计算机网络可以从哪几个角度进行分类？
3. 计算机网络的功能主要有哪些？根据自己在生活中的观察举出几种应用实例。
4. OSI 参考模型共分几层？第一层的功能是什么？
5. TCP/IP 参考模型共分几层？请说出网络层的功能。

模块 2　网络传输介质和设备

2.1　网络传输介质

2.1.1　双绞线

双绞线（TP）一般由两根 22～26 号绝缘铜导线相互缠绕而成，两根绝缘的铜导线按一定密度互相绞在一起，一根导线在传输中辐射的电磁波会被另一根导线上辐射的电磁波抵消，因此可以降低信号干扰的程度，"双绞线"的名字也由此而来。实际使用时，双绞线是由多对双绞线一起包在一个绝缘电缆套管里的，典型的双绞线是 4 对的，采用色彩编码进行管理。

与其他传输介质相比，双绞线在传输距离、信道宽度和数据传输速率等方面均受到一定的限制，其最大传输距离是 100 米。但其价格低廉、施工方便的特性使其成为网络搭建工程中最常用的一种传输介质。双绞线主要用于点对点连接，一般不用于多点连接。

双绞线按结构可分为非屏蔽双绞线（UTP）和屏蔽双绞线（STP）两类，如图 2-1、图 2-2 所示。屏蔽双绞线在双绞线与外层绝缘封套之间有一个金属屏蔽层，屏蔽层可减小辐射，防止信息被窃听，也可阻止外部电磁干扰的进入；而非屏蔽双绞线成本低、重量轻，安装容易。

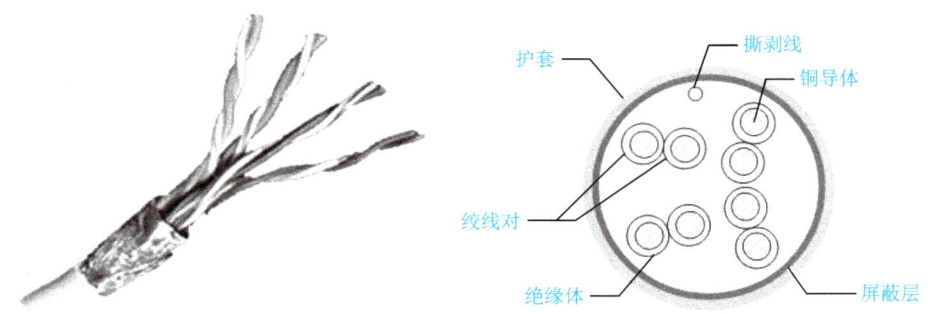

图 2-1　5e 类 4 对屏蔽双绞线

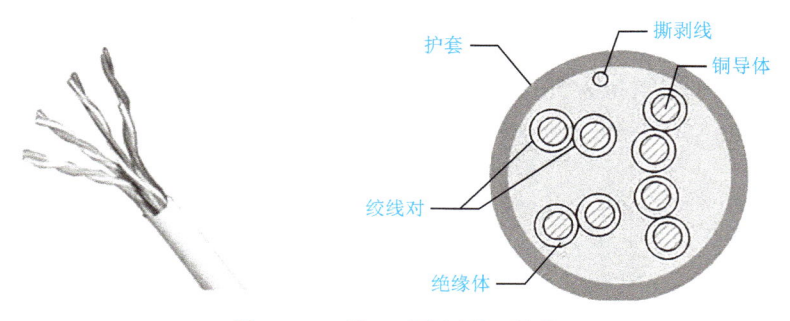

图 2-2　5e 类 4 对非屏蔽双绞线

两类双绞线按性能指标又可进行如图 2-3 所示的分类。

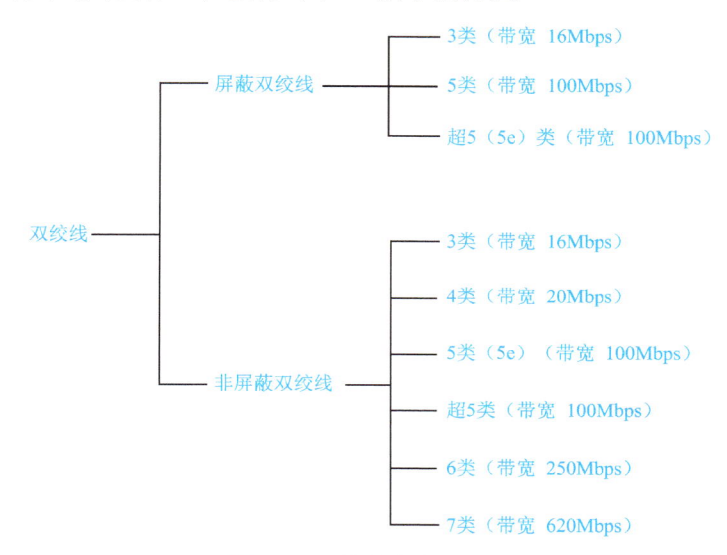

图 2-3　双绞线分类及性能

其中，超 5 类非屏蔽双绞线衰减小、串扰少，具有更高的信噪比，并且使用方便，是目前计算机网络搭建工程中使用最广泛的传输介质。

在制作网线时，要用到 RJ-45 接头，俗称"水晶头"，如图 2-4 所示。根据美国联邦通信委员会的定义，RJ 是描述公用电信网络的接口。常用的有 RJ-11 和 RJ-45，其中 RJ-45 是标准 8 位模块化接口的俗称。

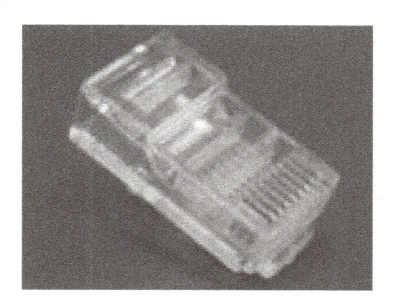

图 2-4　水晶头

在将网线插入水晶头前，要对每条线进行排序。

EIA/TIA 为双绞线的连接制定了标准，使数据通信更加规范。连接标准分为两类：EIA/TIA 568A 标准和 EIA/TIA 568B 标准，如图 2-5 所示。

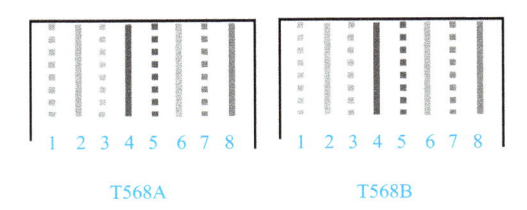

图 2-5　EIA/TIA 568A 标准和 EIA/TIA 568B 标准

EIA/TIA 568A 的标准线序为：

1 白绿、2 绿、3 白橙、4 蓝、5 白蓝、6 橙、7 白棕、8 棕。

EIA/TIA 568B 的标准线序为：

1 白橙、2 橙、3 白绿、4 蓝、5 白蓝、6 绿、7 白棕、8 棕。

实际上，在标准接法上 EIA/TIA 568A 和 EIA/TIA 568B 并没有本质区别，只是颜色上有所不同，但是在连接两个水晶头时必须保证 1/2 线对是一个绕对；3/6 线对是一个绕对；4/5 线对是一个绕对；7/8 线对是一个绕对。EIA/TIA 568A 和 EIA/TIA 568B 对应引角的功能如表 2-1 所示。

表 2-1　EIA/TIA 568A 和 EIA/TIA 568B 对应引角的功能

引脚顺序	EIA/TIA 568A 标准 介质直接连接信号	排列顺序	引脚顺序	EIA/TIA 568B 标准 介质直接连接信号	排列顺序
1	TX+（发送）	白绿	1	TX+（发送）	白橙
2	TX-（发送）	绿	2	TX-（发送）	橙
3	RX+（接收）	白橙	3	RX+（接收）	白绿
4	没有使用	蓝	4	没有使用	蓝
5	没有使用	白蓝	5	没有使用	白蓝
6	RX-（接收）	橙	6	RX-（接收）	绿
7	没有使用	白棕	7	没有使用	白棕
8	没有使用	棕	8	没有使用	棕

根据双绞线两端线序的不同，主要分为两种不同的连接方法。

- 直通线接法：将双绞线的一端按一定顺序排序后接入 RJ-45 接头，线缆的另一端也按相同的顺序排序后接入 RJ-45 接头，一般采用 T568B 标准。在 10/100M 以太网中 8 芯只使用 4 芯，在 1000M 以太网中使用全部 8 芯。

直通线通常用于不同类型的设备的相互连接，如计算机连接交换机、交换机或集线器连接路由器。

- 交叉线接法：双绞线在制作时一端用一种线序排列，另一端用不同的线序排列，如一端用 T568A 标准线序，另一端用 T568B 标准线序。

交叉线用于连接同种设备，如用于两台计算机之间、路由器之间、交换机之间直接通过网线连接。随着网络设备制造技术的提高,在实际网络搭建中很少再用到交叉线。

2.1.2 光纤与光缆

(1)光纤。

光纤是光导纤维的简称,是一种细而柔韧的光传导介质。计算机通信网络中的光纤主要采用石英玻璃制成,裸光纤为横截面积很小的双层同心圆柱体,由纤芯和包层组成,中心部分的纤芯折射率高,外围包层折射率低。为保护光纤表面,防止断裂,提高抗拉强度并便于使用,在包层的外面一般要进行两次涂覆而形成涂覆层。所以,典型的光纤结构由内向外依次为纤芯、包层和涂覆层,如图 2-6 所示。

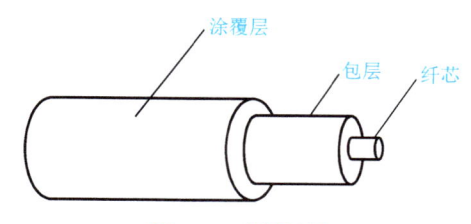

图 2-6 光纤结构

光纤的主要功能是传输光束。由于纤芯和包层的折射率不同,利用光的全反射原理,光线可以在损耗极少的情况下将光传输到光纤的另一端,因此具有较高的数据传输速率和较远的传输距离。光在传输时不需要电,不用考虑接地问题,也不受电磁干扰的影响,对各种环境因素的影响具有较强的抵抗力。这些特点使得光纤在综合布线系统中的应用越来越广泛。近年来,随着光纤技术的发展,光纤到户、光纤到桌面已成为现实。

按照光在光纤中的传输模式,光纤可分为单模光纤和多模光纤。单模与多模光纤的特性比较如表 2-2 所示。

表 2-2 单模、多模光纤特性比较

光 纤 类 型	单模光纤	多模光纤
光传播示意图		
纤芯直径/包层直径(μm)	8.3/125、10/125	50/125、62.5/125、100/140
光传输特点及应用	• 只能传输一种模式的光 • 纤芯细,需要激光光源 • 色散低,高效 • 高速度,长距离(3 千米)	• 能以多个模式同时传输 • 纤芯粗,LED 光源即可 • 色散大,低效 • 低速度,短距离(几百米)

多模光纤通常可分为阶跃式光纤和渐变式光纤(按折射率分)。光束在两种光纤中的传输过程如图 2-7、图 2-8 所示。

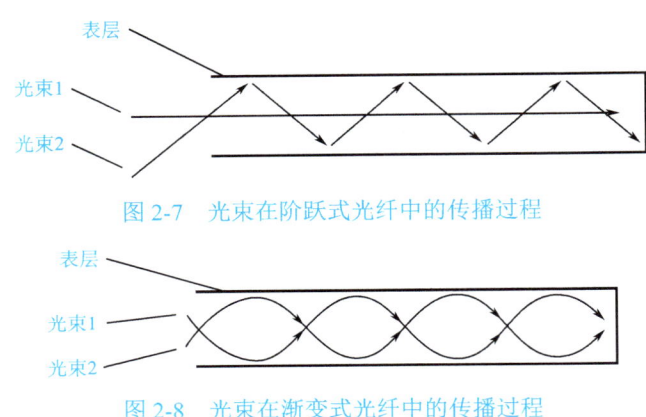

图 2-7　光束在阶跃式光纤中的传播过程

图 2-8　光束在渐变式光纤中的传播过程

光纤的连接方法主要有永久性连接、应急连接和活动连接。

- 永久性连接，又称热熔连接，这种连接是将两根光纤的连接点熔化并连接在一起，一般用于长途接续、永久或半永久固定连接，其主要特点是与其他连接方法相比连接衰减最低，典型值为 0.01～0.03dB/点。连接时，需要专用熔接机和专业人员进行操作，连接点需要使用专用容器保护。
- 应急连接，又称冷熔连接，主要是使用机械和化学的方法，将两根光纤固定并黏接在一起。这种方法的主要特点是连接迅速可靠，典型连接衰减为 0.1～0.3dB/点，但连接点长期使用会不稳定，衰减也会大幅度增加，只适合短时间内应急使用。
- 活动连接，活动连接是利用各种光纤连接器件（插头和插座），将两根光纤连接起来的一种方法。这种方法灵活、简单、方便、可靠，多用在建筑物内的计算机网络布线中，其典型衰减为 1dB/接头。常用光纤连接器件有光纤跳线、光纤适配器、光纤模块等。

（2）光缆。

光缆即光导纤维电缆，由一捆光纤组成，光缆是数据传输中最有效的一种传输介质。在综合布线系统中，光缆主要按照使用环境和敷设方式进行分类。

室内光缆的抗拉强度较小，保护层较差，但轻便经济，主要适用于综合布线系统中的水平和垂直干线子系统，常用室内光缆结构如图 2-9 所示。

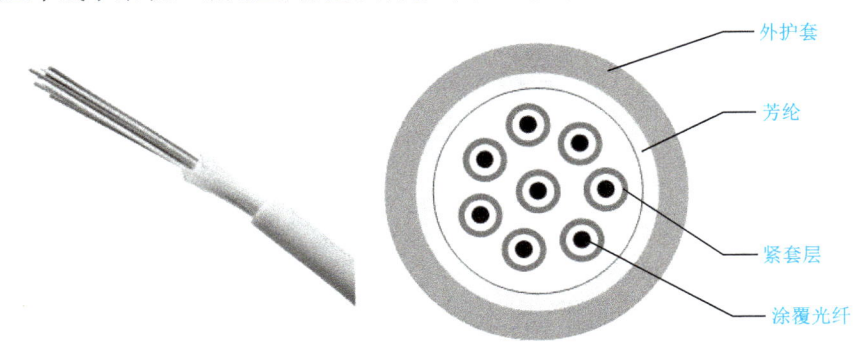

图 2-9　室内光缆结构

室外光缆的抗拉强度大，保护层厚重，在综合布线系统中主要用于建筑群子系统。根据敷设方式不同，室外光缆可分为架空式光缆、管道式光缆、直埋式光缆、隧道式光缆和水底光缆等，如图 2-10 所示为常用的管道式光缆结构。

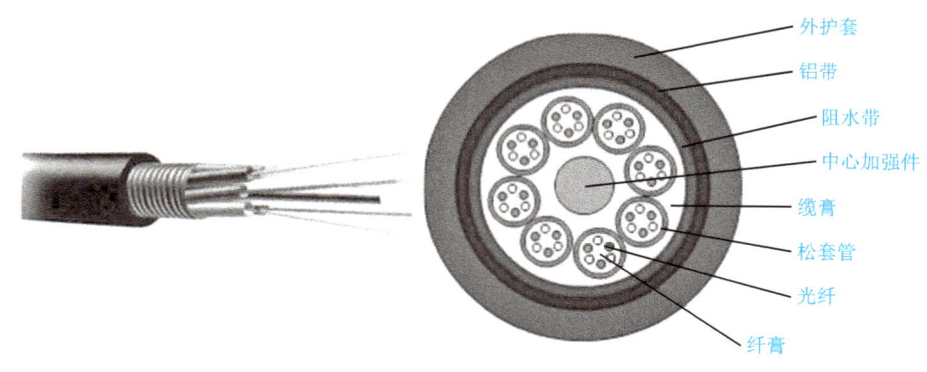

图 2-10　管道式光缆结构

2.2　网络设备

2.2.1　网卡

计算机与局域网的连接需要通过主机箱内的一块网络接口板（或者是笔记本电脑中的 PCMCIA 卡），网络接口板又称通信适配器，网络适配器（Adapter）或网络接口卡 NIC（Network Interface Card），俗称"网卡"，如图 2-11 所示。

图 2-11　网卡

网卡是工作在数据链路层的网络组件，是局域网中连接计算机和传输介质的接口，不仅能实现与局域网传输介质之间的物理连接和电信号匹配，还涉及帧的发送与接收、帧的封装与拆封、介质访问控制、数据的编码与解码及数据缓存等功能。网卡的功能一是将计算机的数据进行封装，并通过网线将数据发送到网络上；二是接收网络上传来的数据，并发送到计算机。

网卡按网络类型可以分为以太网卡、令牌环网卡、令牌总线网卡和 FDDI 网卡，当前应用最为广泛的是以太网卡。

根据应用环境的不同，网卡可以分为普通工作站网卡和服务器网卡。当前采用较多的普通工作站网卡主要是支持 10/100Mbps 自适应的快速以太网卡，此类网卡采用双绞线作为传输介质的 RJ-45 接口。服务器网卡主要用于服务器与交换机等设备之间的连接，常使用千兆位以太网网卡。服务器网卡具有特殊的网络控制芯片，它可以从主 CPU 中接管许多网络任务，使主 CPU 能够集中精力运行网络操作系统和应用程序。图 2-12 所示为服务器网卡。

按端口类型的不同，网卡可分为 BNC 端口网卡和 RJ-45 端口网卡两种，现在主要使用 RJ-45 端口网卡，BNC 端口网卡已经被淘汰，如图 2-13 所示为 RJ-45 端口网卡。

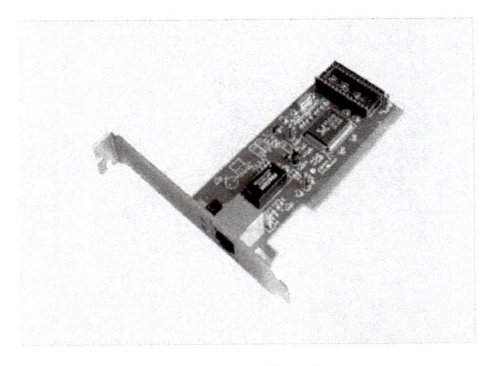

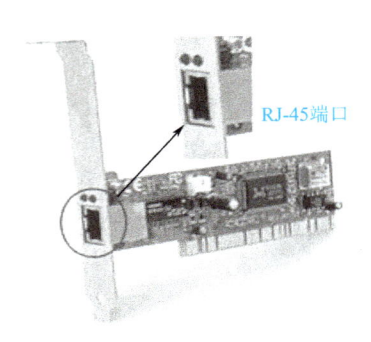

图 2-12　服务器网卡　　　　　　　　图 2-13　RJ-45 端口网卡

按传输速率的不同，网卡可分为 10Mbps 网卡、10/100Mbps 自适应网卡、100Mbps 网卡和 1000Mbps 网卡等，目前使用较多的是 10/100Mbps 自适应网卡，1000Mbps 网卡主要用于网络中的服务器。

按用途的不同，网卡可分为普通网卡、无线网卡和笔记本电脑网卡，如图 2-14、图 2-15 所示。

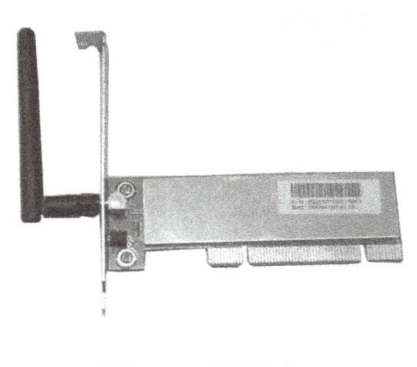

图 2-14　无线网卡　　　　　　　　图 2-15　笔记本电脑网卡

组建网络时能否正确选用、连接和设置网卡，是能否正确连通网络的前提和必要条件。选购网卡时需要考虑以下因素。

- 网络类型：应根据网络的类型来选择相对应的网卡。
- 传输速率：根据服务器或工作站的带宽需求并结合物理传输介质所能提供的最大传输速率来选择网卡的传输速率。以以太网为例，可选择的速率有 10Mbps 网卡、10/100Mbps 自适应网卡、1000Mbps 网卡，甚至 10Gbps 网卡等多种，但不是速率越高就越合适。例如，为连接在只具备 100Mbps 传输速度的双绞线上的计算机配置 1000Mbps 的网卡就是一种浪费，这时传输速率至多只能实现 100Mbps。
- 支持的电缆接口：不同的网络接口适用于不同的网络类型，目前常见的接口是 RJ-45 接口。

网卡的主控制芯片是网卡的核心元件，芯片质量直接影响网卡性能。网卡的主控制芯片一般采用 3.3V 的低耗能设计、0.35μm 的芯片工艺，这使得它能快速计算流经网卡的数据，减轻 CPU 的负担。目前常用的网卡控制芯片有 Realtek 8201BL、Realtek 8139C/D、Intel Pro/100VE、nForce MCP NVIDIA/3Com、3Com 905C、SiS900 等，其中 Realtek 8201BL 芯片是一种常见的主板集成网络芯片（又称 PHY 网络芯片）。PHY 芯片是指将网络控制芯片的运算部分交由处理器或南桥芯片处理，以达到简化线路设计和降低成本的目的。Realtek 8139C/D 芯片是目前网卡使用最多的芯片之一，支持 10/100Mbps 自适应网卡。

远程唤醒技术（Wake-On-LAN，WOL）是由网卡配合其他软、硬件，通过局域网实现远程开机的一种技术。无论被访问的计算机距离多远，只要处于同一局域网内，就能够被随时启动。这种技术适合具有远程网络管理要求的环境，可被远程唤醒的计算机必须具有一个支持 WOL 技术的网卡，另外，主板也必须支持远程唤醒功能。现在，大多数计算机都支持这一功能。

2.2.2 集线器

集线器是网络发展早期使用得较为广泛的网络设备之一，英文名称为"Hub"。集线器属于数据通信系统中的基础设备，它和双绞线等传输介质一样，是不需要任何软件支持或只需很少管理软件管理的硬件设备。如图 2-16 所示为普通机架式集线器。

图 2-16 普通机架式集线器

集线器工作在局域网（LAN）环境中，像网卡一样，应用于 OSI 参考模型第一层，又被称为物理层设备。集线器的基本功能是信息分发，将一个端口收到的信号转发给其他所有端口，同时集线器的所有端口共享集线器的带宽。一台 10Mbps 带宽的集线器上只连接一台计算机时，此计算机的带宽是 10Mbps；当连接两台计算机时，每台计算机的带宽是

5Mbps，即使用集线器组网时，连接的计算机越多，则网络速度越慢。由集线器连接的网络如图 2-17 所示。

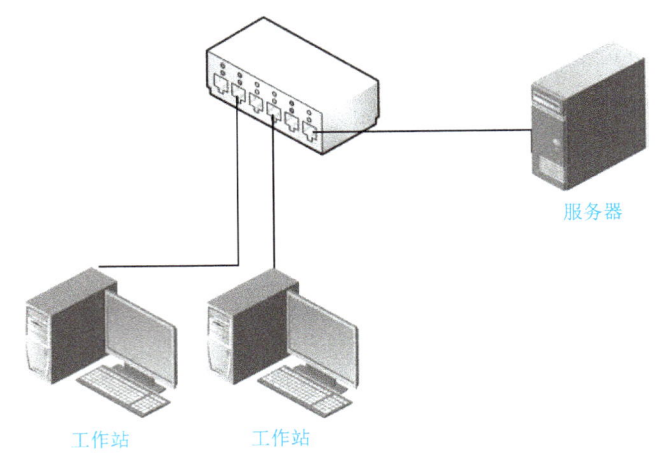

图 2-17 集线器组网连接图

使用集线器连接网络的缺点如下。

（1）用户数据包向所有节点发送，可能会带来数据通信的不安全因素，数据包很容易就被非法截获。

（2）所有数据包向所有节点同时发送，而且共享带宽，容易造成网络堵塞，降低网络执行效率。

（3）集线器在同一时刻其每个端口只能进行一个方向的数据通信，不能进行双向双工传输，不能满足较大型的网络通信的需求。

随着互联网设备技术的提高，集线器被功能更强大的交换机所替代，已逐渐退出市场。

2.2.3 调制解调器

MODEM 是 Modulator/Demodulator（调制器/解调器）的缩写，中文名称为调制解调器。根据 MODEM 的谐音，习惯称之为"猫"，如图 2-18 所示。MODEM 是在发送端通过调制将数字信号转换为模拟信号，在接收端通过解调再将模拟信号转换为数字信号的一种装置。

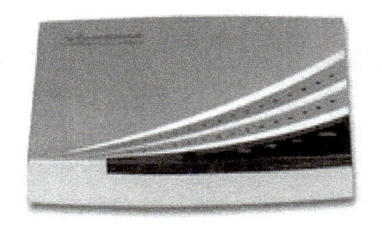

图 2-18 MODEM（调制解调器）

计算机内的信息是由"0"和"1"组成的数字信号，而在电话线上传递的却只能是模拟信号。于是，当两台计算机要通过电话线进行数据传输时，就需要 MODEM 进行"调制"

与"解调"的数/模转换过程,从而实现两台计算机之间的远程通信。

根据 MODEM 的形状和安装方式,大致可将其分为外置式、内置式、PCMCIA 插卡式和机架式四类。外置式 MODEM 放置于机箱外,通过串行通信接口与主机连接,易于安装,方便灵巧,闪烁的指示灯便于观察 MODEM 的工作状况,但外置式 MODEM 需要使用额外的电源与电缆。内置式 MODEM 在安装时需要拆开机箱,占用主板上的扩展槽,并且要对中断和串口进行设置,安装较为烦琐,但这种 MODEM 无须额外的电源与电缆,且价格比外置式 MODEM 便宜。PCMCIA 插卡式 MODEM 主要用于笔记本电脑,体积纤巧。机架式 MODEM 相当于把一组 MODEM 集中于一个箱体或外壳里,并由统一的电源进行供电。机架式 MODEM 主要用于 Internet/Intranet、电信局、校园网、金融机构等网络的中心机房。此外,还有 ISDN 调制解调器、Cable MODEM 和 ADSL 调制解调器。Cable MODEM 利用有线电视的电缆进行信号传送,不但具有调制解调功能,还集合了路由器、集线器、桥接器的功能,理论传输速度可达 10Mbps 以上。

MODEM 的传输速率是指 MODEM 每秒钟传送的数据量大小,实际传输速率主要受电话线路的质量、带宽、对方的 MODEM 速率等因素影响。

2.2.4 交换机

交换(Switching)是按照通信两端传输信息的需要,用人工或设备自动完成的方法,把要传输的信息送到符合要求的相应路由上的技术的统称。交换机(Switch)是一种在通信系统中完成信息交换功能的设备。

交换机是目前使用较为广泛的网络设备之一。从外观结构上看,交换机与集线器几乎一样,其端口和连接方式也与集线器一样,如图 2-19 所示。

图 2-19 交换机

交换机采用了交换技术,在性能上大大优于集线器。交换机可以并行通信而不是平均分配带宽。例如,一台 100Mbps 交换机的每个端口都是 100Mbps,互连的每台计算机均以 100Mbps 的速率通信。

从广义上来看,交换机分为两种:广域网交换机和局域网交换机。广域网交换机主要应用于电信领域,提供通信用的基础平台;局域网交换机则应用于局域网络,用于连接终端设备,如 PC 及网络打印机等。从传输介质和传输速度上看,交换机可分为以太网交换机、快速以太网交换机、千兆位以太网交换机、FDDI 交换机、ATM 交换机和令牌环交换机等。从应用规模上看，交换机又可分为企业级交换机、部门级交换机和工作组交换机等。

　　交换机根据当前各端口所连计算机的情况，在其内部建立"端口/MAC 地址"映射表，也称 MAC 地址表。MAC 地址表记录了网络中所有 MAC 地址与端口的对应信息，如图 2-20 所示。

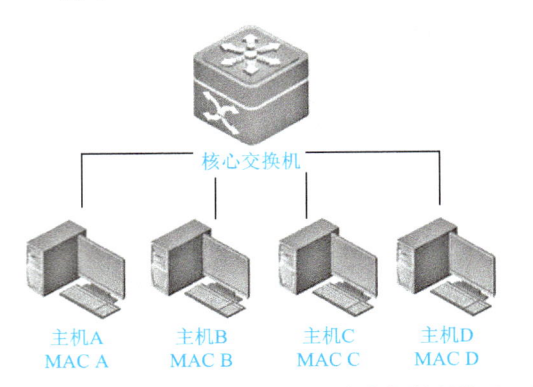

图 2-20　交换机的结构及工作过程

　　当主机 A 需要向主机 D 发送信息时，主机 A 首先将目的地址为 MAC D 的数据帧发往交换机端口 1。交换机接收该数据帧，并根据该数据帧的目的 MAC 地址查找 MAC 地址表，得到与该地址对应的端口号为 5，即主机 D 连接在交换机的 5 号端口上，然后交换机在 1 号端口与 5 号端口间建立连接，进行数据帧的转发。同时，如果主机 B 要和主机 C 通信，交换机用同样的方法为端口 2 与端口 4 建立连接并进行数据帧的转发。如果需要，交换机的各个端口之间可以建立多条并发连接，且互不影响。

　　交换机使用地址映射表实现信息的交换，地址映射表涉及交换机的 MAC 地址学习功能。交换机的 MAC 地址学习是通过读取数据帧的源地址并记录帧进入交换机的端口进行的。最初使用交换机时，地址映射表是空的，为了能够正常传送数据，交换机会向除接收端口外的所有端口转发信息。随着网络中计算机不断地发送数据，数据帧不断地经过交换机，交换机就得到源主机和端口的对应关系，并添加到地址映射表中，建立起较完整的地址映射表，再进行信息转发时就可以根据地址表进行工作。交换机需要对地址映射表进行维护，以保证其有效性。交换机地址映射表的维护机制是：在建立地址映射表项的同时给每一个表添加一个计时器，如果计时器在设定时间到达时，没有再次学习到该端口与 MAC 地址的对应关系，则该表项被认为无效，交换机将其删除，以保证地址映射表的准确性和有效性。

　　交换技术包括端口交换、帧交换和信元交换三种。

- 端口交换：端口交换技术最早出现在插槽式集线器中，这类集线器的背板通常划分有多条以太网段（每条网段为一个广播域），不用网桥或路由连接，网段之间是互不相通的。模块插入后通常被分配到某个背板的网段上，端口交换用于将以太模块的端口在背板的多个网段之间进行分配、平衡。
- 帧交换：帧交换是目前应用最广的局域网交换技术，它通过对传统传输媒介进行微分段，提供并行传送的机制，以减小冲突域，获得高的带宽。
- 信元交换：ATM 信元采用固定长度为 53 字节的信元交换技术。由于长度固定，因而便于用硬件实现。ATM 采用专用的非差别连接，并行运行，可以通过一个交换机同时建立多个节点，但并不会影响每个节点之间的通信能力。ATM 还允许在源节点和目标节点之间建立多个虚拟连接，以保障足够的带宽和容错能力。ATM 的带宽可以达到 25Mbps、155Mbps、622Mbps，甚至数 Gbps 的传输能力。

作为局域网的主要连接设备，以太网交换机现已成为应用普及最快的网络设备之一。

2.2.5 路由器

所谓路由就是指通过相互连接的网络把信息从源节点移动到目标节点的活动。路由和交换之间的主要区别是交换发生在 OSI 参考模型的第二层（数据链路层），路由发生在第三层（网络层），路由和交换实现各自功能的方式不同。路由器主要用于不同类型的网络的互联，如图 2-21 所示。

图 2-21　路由器

在现实生活中，国家将行政管辖区域划分成省、市、区、街道等，在信息传输时，信息从源地发出后，先判断去往哪个省，再判断去往哪个市、区、街道，最后到达目的地，从而实现信息的传输。同样地，整个网络在逻辑上被分成许多相互连接的小网络，相互连接的小网络又可以分成一些子网络，在划分这些网络时，必须让每一个小网络记住其他小网络的位置，每个小网络的子网络必须记住其他子网络的位置，而路由器就是用于连接多个逻辑上分开的网络，并记录和跟踪其他网络情况的网络设备，同时指示本网络的信息如何到达另一个网络。路由器是为信息寻找目标节点的工具。

作为不同网络之间互相连接的枢纽，路由器系统构成了基于 TCP/IP 的国际互联网络 Internet 的主体脉络，它的处理速度是网络通信的主要瓶颈之一，它的可靠性则直接影响着网络互联的质量。

路由器具有判断网络地址和选择路径的功能，能够在多网络互联环境中，建立灵活的连接，可用完全不同的数据分组和介质访问方法连接各种子网，路由器只接收源节点或其他路由器的信息。

例如，当主机 A 需要向主机 B 传送信息时，假设主机 B 的 IP 地址为 120.0.0.5，主机 A 与主机 B 之间是需要通过多个路由器的接力传递的，如图 2-22 所示，具体工作原理如下。

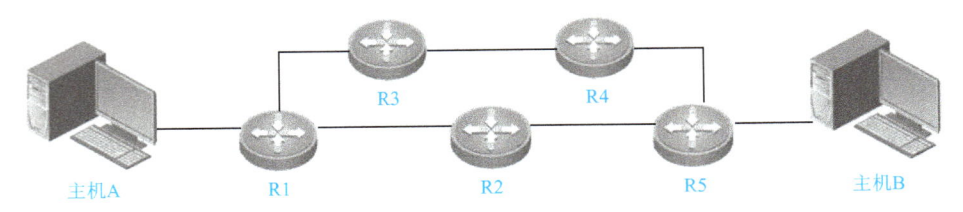

图 2-22　路由选择

（1）主机 A 将主机 B 的地址 120.0.0.5 连同数据信息以数据帧的形式发送给路由器 R1。

（2）路由器 R1 收到主机 A 发出的数据帧后，先从报头中取出地址 120.0.0.5，根据路径表计算出发往主机 B 的最佳路径：R1→R2→R5→主机 B，然后将数据帧发往路由器 R2。

（3）路由器 R2 重复路由器 R1 的工作，将数据帧转发给路由器 R5。

（4）路由器 R5 同样取出目的地址，发现 120.0.0.5 就在该路由器所连接的网段上，于是将该数据帧直接交给主机 B。

（5）主机 B 收到主机 A 的数据帧，此次通信过程结束。

路由器的主要工作就是为经过路由器的每个数据帧寻找一条最佳传输路径，并将该数据有效地传送到目的站点，所以选择最佳路径的策略即路由算法是路由器的关键所在。路由器中保存着各种传输路径的相关数据——路由表（Routing Table），供路由选择时使用。路由表中保存着子网的标志信息、下一个路由器的名字等内容。路由表可由系统管理员固定设置，也可由系统动态修改，可以由路由器自动调整，也可以由主机控制。路由表分为静态路由表和动态路由表。

- 静态路由表：由系统管理员事先设置好的固定的路由表，被称为静态（Static）路由表，一般在系统安装时就根据网络的配置情况预先设定，不会随网络结构的改变而改变。
- 动态路由表：动态（Dynamic）路由表是路由器根据网络系统的运行情况自动调整的路由表。路由器根据路由选择协议（Routing Protocol）提供的功能，自动学习和记忆网络运行情况，在需要时自动计算数据传输的最佳路径。

2.3　网络传输介质和设备实训项目

实训任务一　制作双绞线

【实训目的】

学习制作双绞线的方法。

【实训设备】

剥线器、压线钳、测线仪。

【实训步骤】

（1）剥线。用双绞线剥线器将双绞线塑料外皮剥去 2～3cm，如图 2-23 所示。

（2）排线。将绿色线对与蓝色线对放在中间位置，而橙色线对与棕色线对放在靠外的位置，形成左一橙、左二蓝、左三绿、左四棕的线对顺序，如图 2-24 所示。

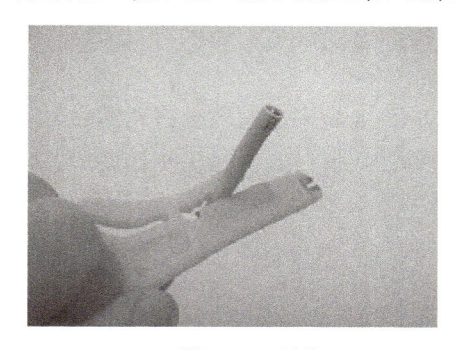

图 2-23　剥线 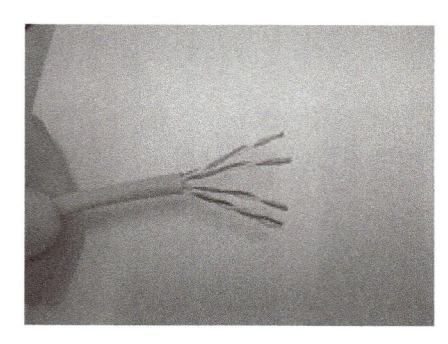　　　　　　　　图 2-24　排线

（3）理线。小心地剥开每一线对（开绞），并将线芯按 T568B 标准排序，特别是要将白绿线芯从蓝和白蓝线对上交叉至 3 号位置，将线芯拉直压平、挤紧理顺（朝一个方向紧靠），如图 2-25 所示。

（4）剪切。将裸露出的双绞线芯用压线钳、剪刀、斜口钳等工具整齐地剪切，只剩下约 13mm 的长度，如图 2-26 所示。

图 2-25　理线 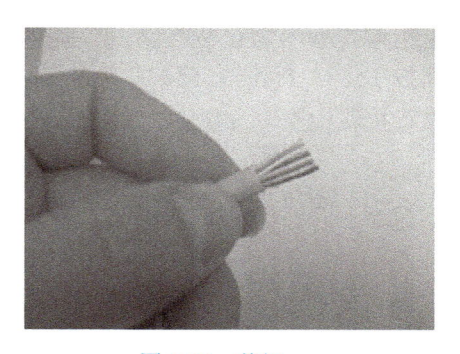　　　　　　　　图 2-26　剪切

（5）插入。一只手用拇指和中指捏住水晶头，并用食指抵住，水晶头的方向是金属引脚朝上、弹片朝下；另一只手捏住双绞线，用力缓缓将双绞线 8 条导线依次插入水晶头，并一直插到 8 个凹槽顶端，如图 2-27 所示。

（6）检查。检查水晶头正面，查看线序是否正确；检查水晶头顶部，查看 8 根线芯是否都顶到顶部，如图 2-28 所示。

图 2-27　插入 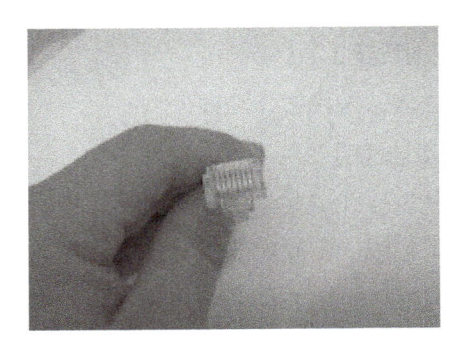　　　　　　　　　　　　图 2-28　检查

（7）压接。确认无误后，如图 2-29 所示将 RJ-45 水晶头推入压线钳夹槽后，用力握紧压线钳，将突出在外面的针脚全部压入 RJ-45 水晶头内，RJ-45 水晶头制作完成，如图 2-30 所示。

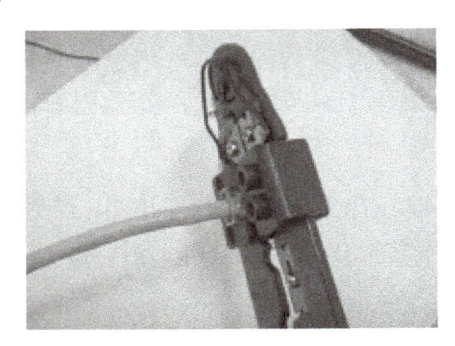

图 2-29　压接 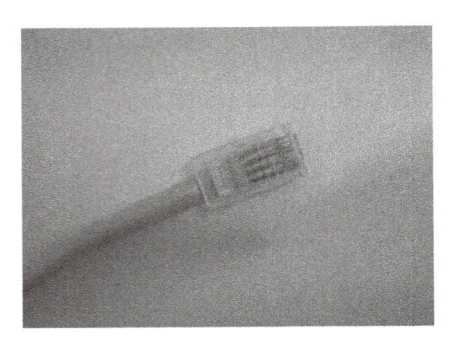　　　　　　　　　　　　图 2-30　完成

（8）用同一标准制作双绞线另一端的水晶头，完成直通网线的制作。然后，将双绞线两端分别按 T568A 标准和 T568B 标准制作水晶头，完成一条交叉网线的制作。最后用线序测试仪进行接线检查，如图 2-31 所示。

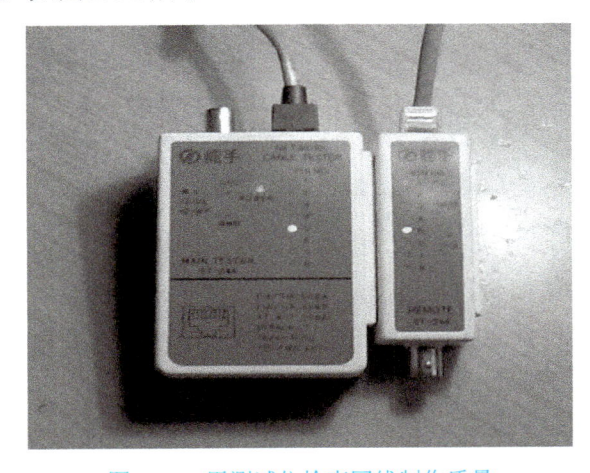

图 2-31　用测试仪检查网线制作质量

实训任务二　光纤熔接

【实训目的】

学习光纤熔接机的使用方法。

【实训设备】

熔接机、光缆、光纤、热缩套管、光纤熔接工具箱。

【实训步骤】

（1）准备好相应的设备和工具。

（2）剥开光缆。使用专用开剥工具，将光缆外护套开剥 1m 左右，如图 2-32 所示。擦拭干净油膏后固定到接续盒内，注意固定钢丝时一定要压紧，不能有松动，剥光缆时不能伤到光纤管束。

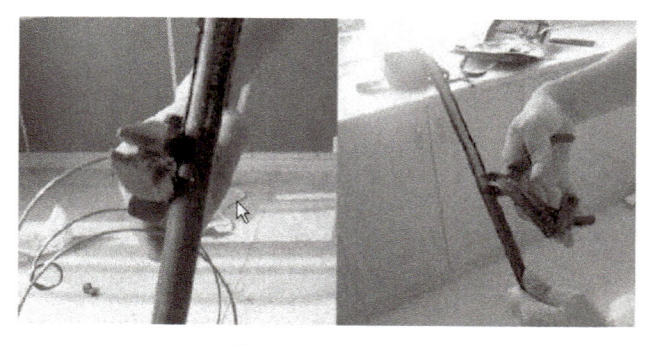

图 2-32　开剥光缆

（3）将光纤分别穿过热缩套管，如图 2-33 所示。剥去涂覆层的光纤很脆弱，使用热缩套管可以保护光纤熔接头。

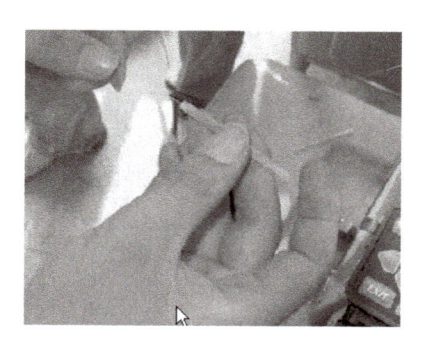

图 2-33　套热缩套管

（4）准备熔接机。打开熔接机电源，采用预置的程式进行熔接，并在使用中和使用后应及时清除熔接机中的灰尘和杂物。根据光纤类型设置好熔接参数，无特殊情况时，一般选用自动熔接程序，如图 2-34 所示。

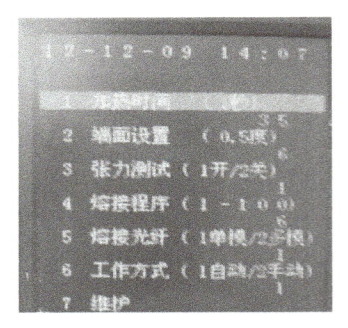

图 2-34　设置熔接参数

（5）制作光纤对接端面。首先用光纤专用剥线钳剥去光纤纤芯外的涂覆层，再用沾酒精的清洁棉在裸纤上擦拭几次，如图 2-35 所示。然后用精密光纤切割刀切割光纤，切割长度一般为 10~16mm，如图 2-36 所示。切割时注意，切割刀摆放要平稳，切割时，动作要自然、平稳。

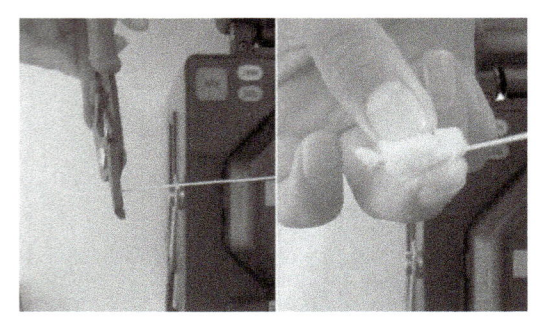

图 2-35　酒精擦拭纤芯　　　　图 2-36　切割光纤

（6）放置熔接光纤。将光纤放在熔接机的 V 形槽内，根据光纤切割长度设置光纤在压板中的位置，小心地压上光纤压板和光纤夹具，如图 2-37 所示。合上防风罩，按熔接键即可自动完成熔接。熔接完成后，会在熔接机显示屏上显示估算的熔接损耗值，如图 2-38 所示。

图 2-37　放置光纤

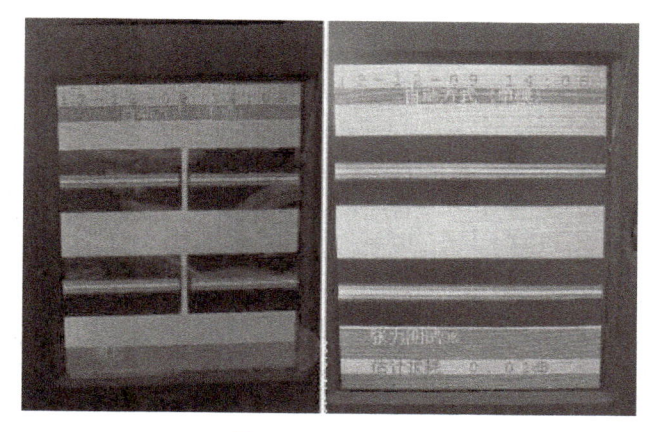

图 2-38　显示结果

（7）打开防风罩取出光纤，把热缩套管移到熔接头位置，用熔接机加热炉加热热缩套管，如图 2-39 所示。

（8）盘纤固定。将熔接好的光纤盘到光纤接线盒内，如图 2-40 所示。在盘纤时，一定要保持一定的半径，半径越大，则弧度越大，弯曲损耗就越小。

图 2-39　加热热缩套管　　　　　图 2-40　盘纤

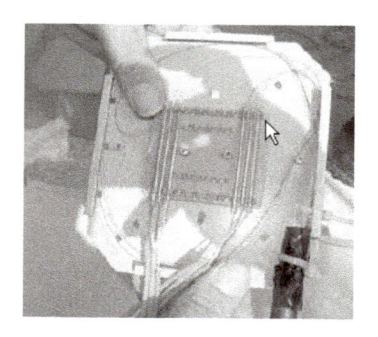

（9）密封接线盒。如果是野外接线盒，则一定要密封好，防止进水。

实训任务三　局域网远程开机

【实训目的】

学习远程唤醒技术。

【实训设备】

处于同一局域网的支持唤醒功能的两台计算机。

【实训步骤】

方法一：

（1）在控制端计算机添加远程唤醒命令行工具 wol.exe（可通过互联网搜索下载），将 wol.exe 按路径 C:\Windows\System32 放置，这样在 Windows 命令提示符中就可以应用唤醒命令 wol，唤醒命令格式为 wol（被唤醒计算机的 MAC 地址）。

（2）读取被唤醒计算机的 MAC 地址，打开命令提示符，输入"ipconfig/all"后回车，如图 2-41 所示，从显示信息中记下 MAC 的地址"E0-4F-43-E2-1E-2F"。

图 2-41　读取被唤醒计算机的 MAC 地址

（3）在控制端计算机中打开命令提示符，输入唤醒命令"wol E0-4F-43-E2-1E-2F"并回车，观察已被关机的局域网远程计算机是否被唤醒开机。如图 2-42 所示为发送唤醒命令界面。

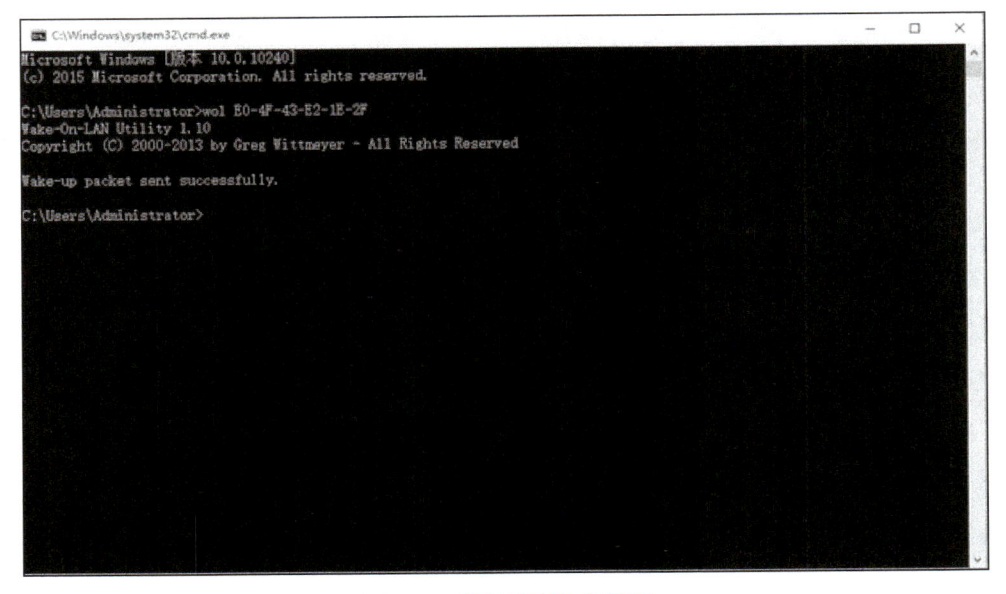

图 2-42　发送唤醒命令界面

方法二：
（1）练习应用远程唤醒软件 WakeOnLan 进行远程开机，打开如图 2-43 所示 WakeOnLan

程序界面，主要工具按钮自左向右为"发送""添加""编辑""删除"。

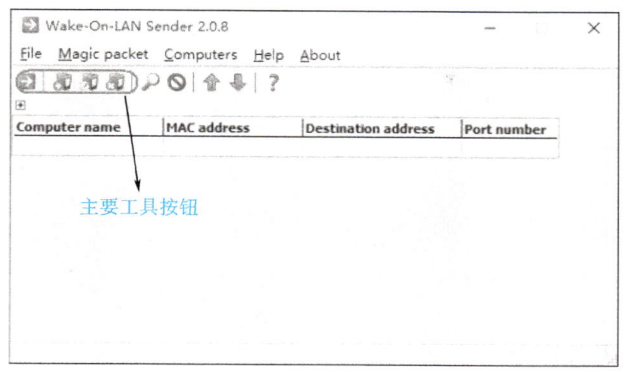

图 2-43　WakeOnLan 程序界面

（2）单击"添加"按钮，在弹出窗口中填入远程计算机名称、MAC 地址、IP 地址，端口号保持默认即可，也可以修改为其他端口号，如图 2-44 所示。这样可以把多台远程计算机的信息保存在软件中，需要远程唤醒某台计算机时，只要单击选中，然后单击"发送"按钮即可。应用软件方法比应用命令方法更方便。

图 2-44　WakeOnLan 程序远程开机窗口

实训任务四　应用 Cisco Packet Tracer 模拟更换、添加网络设备模块

【实训目的】

学会应用 Cisco Packet Tracer 模拟更换、添加网络设备模块的方法。

【实训设备】

安装 Cisco Packet Tracer 的计算机。

【实训步骤】

（1）打开 Cisco Packet Tracer 程序，在逻辑工作区添加笔记本电脑，如图 2-45 所示。

（2）单击笔记本电脑，在弹出的窗口中选择"物理"选项卡，调节滑动条显示笔记本电脑主体结构，如图 2-46 所示。

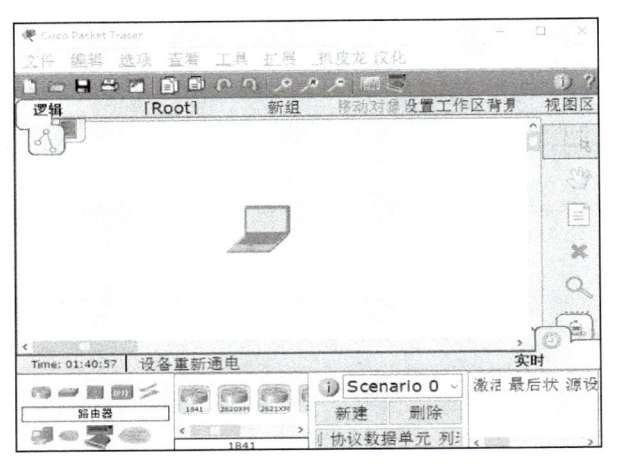

图 2-45　添加笔记本电脑

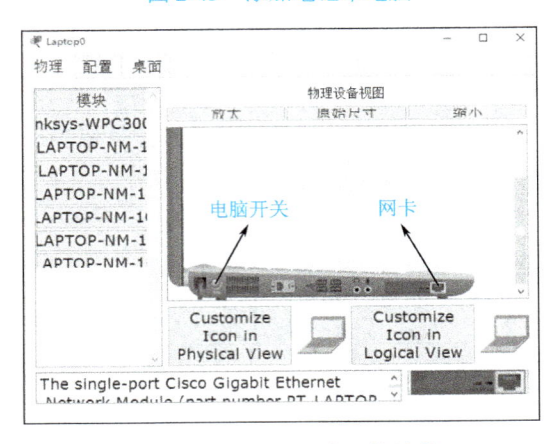

图 2-46　笔记本电脑主体结构

（3）单击笔记本电脑开关，关闭笔记本电脑，指示灯灭，按住网卡，将网卡按图 2-47 所示位置拖曳删除，原网卡位置显示插槽，如图 2-48 所示。

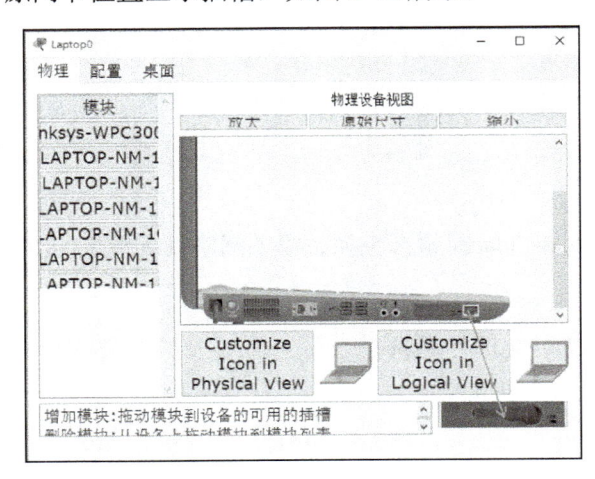

图 2-47　删除网卡

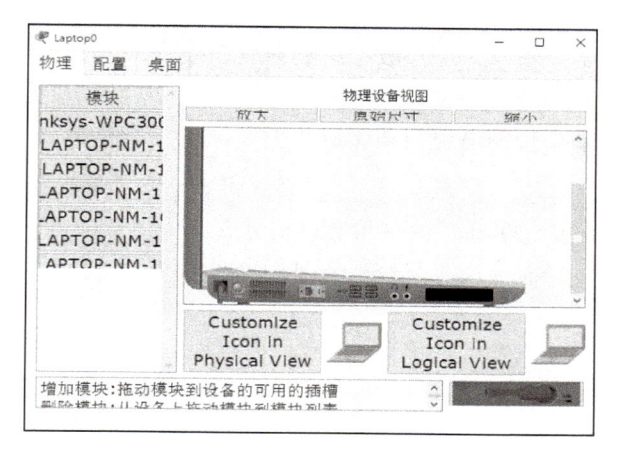

图 2-48　笔记本电脑网卡被删除

（4）用鼠标拖曳无线网卡到插槽位置，如图 2-49 所示，这样就将笔记本电脑的普通有线网卡更换成无线网卡了。单击开关，打开电脑，笔记本电脑无线功能启用。

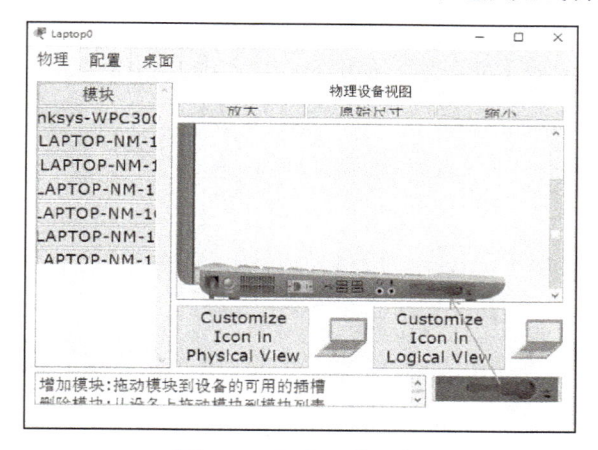

图 2-49　添加无线网卡

（5）用同样的方法，可以为路由器更换、添加光模块或电模块。

思考与练习 2

一、填空题

1．目前以太网最常用的传输介质是_____。
2．双绞线分为_____和_____。
3．超 5 类 UTP 双绞线规定的最高传输速率是_____。
4．EIA/TIA 568B 的标准线序为_____。

5．双绞线主要用于_____，一般不用于多点连接。

6．双绞线最大段传输距离是_____m。

7．按照光在光纤中的传输模式，光纤可分为_____光纤和_____光纤。

8．交换技术包括_____交换、_____交换和_____交换三种。

9．调制解调器是在发送端通过调制将数字信号转换为_____信号，在接收端通过解调再将_____信号转换为_____信号的一种装置。

10．路由器是_____层设备。

二、简答题

1．简述双绞线的两种主要连接方法。

2．简述光纤作为传输介质的优点。

3．网卡的作用是什么？

4．交换机代替集线器有哪些优点？

5．路由器的主要作用是什么？

模块 3 局域网组建

3.1 局域网概述

局域网（Local Area Network，LAN）是区别于广域网（Wide Area Network）的一种地理范围有限的、通过通信介质将各种网络设备互联在一起的、以实现数据通信和资源共享的计算机网络，其中网络设备包括各种计算机、终端和外部设备等。局域网具有一般计算机网络的特点，又具有自己的独特性。局域网的研究开始于 20 世纪 70 年代，最有代表性的是以太网（Ethernet）。目前有成千上万的局域网在运行，一个学校、一个企业、一个单位，甚至一幢楼、一个办公室等都可以组建局域网，所以，局域网是计算机网络学科中主要的研究内容。

3.1.1 局域网的特点

局域网是在小范围内将许多设备连接在一起，并进行数据通信的计算机通信网络。局域网通常是指规模较小、计算机间的距离较近、覆盖较小地理范围的计算机网络，一般可以定义为在有限的距离内（在一幢建筑物或几幢建筑物中）将计算机、终端机和各种外设用传输线路连接起来进行高速数据传输的通信网。

一般来讲，局域网具有以下特点：

（1）覆盖范围和站点数目有限。它可以在一幢建筑物、一个校园或者在直径大至几十千米的区域内连接有限数目的站点，如校园网、中小企业局域网等。

（2）通常多个工作站共享一种传输介质（同轴电缆、双绞线、光纤）。

（3）具有较高的数据传输速率，通常为 10～100Mbps，高速局域网可达 1000Mbps（千兆位以太网）。

（4）协议比较简单，网络拓扑结构灵活多变，容易进行扩展和管理。

（5）具有较低的误码率。局域网误码率一般在 $10^{-10} \sim 10^{-8}$，这是因为传输距离短，传输介质质量较好，因而可靠性高。

（6）具有较低的时延。

3.1.2 局域网的种类

一个局域网属于什么类型要看采用什么样的分类方法。由于存在着多种分类方法，因此一个局域网可能同时体现多种类型。对局域网进行分类经常采用以下方法：按媒体访问控制方式分类、按网络工作方式分类、按拓扑结构分类、按传输介质分类等。

（1）按媒体访问控制方式分类

目前，在局域网中常用的媒体访问控制方式有以太（Ethernet）方式、令牌环（Token Ring）方式、FDDI方式、异步传输模式（ATM）方式等，因此可以把局域网分为以太网（Ethernet）、令牌环网（Token Ring）、FDDI网、ATM网等。

- 以太网采用总线竞争法的基本原理，结构简单，是局域网中使用最多的一种网络。
- 令牌环网采用令牌传递法的基本原理，它是由一段段的点到点链路连接起来的环形网。
- 光纤分布式数据接口（FDDI）是一种高速的、双环结构的光纤网络。
- 异步传输模式（ATM），是一种为了多种业务设计的通用的面向连接的传输模式。ATM局域网具有很高的数据传输速率，支持多种类型数据，如声音、传真、实时视频、CD质量音频和图像等的通信。

（2）按网络工作方式分类

局域网按网络工作方式可分为共享介质局域网和交换式局域网。

- 共享介质局域网是网络中的所有节点共享一条传输介质，每个节点都可以平均分配到相同的带宽。如以太网传输介质的带宽为10Mbps，如果网络中有 n 个节点，则每个节点可以平均分配到 $10Mbps/n$ 的带宽。共享式以太网、令牌总线网、令牌环网等都属于共享介质局域网。早期的网络连接设备集线器，是将一个接口的信号复制放大，广播到每个接口，各个接口设备共享这个接口的带宽，是一种物理层设备，所以，用集线器构建的局域网属于共享介质局域网。
- 交换式局域网的核心是交换机。交换机有多个端口，数据可以在多个节点并发传输，每个节点独享网络传输介质带宽。如果网络中有 n 个节点，网络传输介质的带宽为10Mbps，整个局域网总的可用带宽是 $n\times10Mbps$。交换式以太网属于交换式局域网。

（3）按拓扑结构分类

局域网经常采用总线型、环型、星型和混和型拓扑结构，因此可以把局域网分为总线型局域网、环型局域网、星型局域网和混和型局域网等类型。这种分类方法反映的是网络采用的拓扑结构，是最常用的分类方法。

（4）按传输介质分类

局域网中常用的传输介质有同轴电缆、双绞线、光缆等，因此可以将局域网分为同轴电缆局域网、双绞线局域网和光纤局域网。若采用无线电波、微波作为传输介质，则可以称为无线局域网。

（5）按局域网的工作模式分类

局域网按工作模式分类可分为对等式网络、客户机/服务器式网络和混合式网络等。

3.1.3 CSMA/CD 介质访问控制方法

CSMA/CD（Carrier Sense Multiple Access/Collision Detect）即载波监听多路访问/冲突检测方法，是一种随机访问控制技术，来源于 20 世纪 70 年代美国夏威夷大学研究的无线 ALOHA 系统，并加以改进而形成。

在总线型 LAN 中，所有的节点都直接连到同一条物理信道上，并在该信道中发送和接收数据，因此对信道的访问是以多路访问方式进行的。任一节点都可以将数据帧发送到总线上，而所有连接在信道上的节点都能检测到该帧。当目的节点检测到该数据帧的目的地址（MAC 地址）为本节点地址时，就接收该帧中包含的数据，同时给源节点返回一个响应。当有两个或更多的节点在同一时间都发送了数据，在信道上就造成了帧的重叠，导致冲突出现。为了克服这种冲突，在总线 LAN 中常采用 CSMA/CD 协议，它是一种随机争用型的介质访问控制方法。

CSMA/CD 的工作原理可以概述为"先听后发，边听边发，冲突停发，随机重发"，它不仅体现在以太网的数据的发送过程中，同时也体现在数据的接收过程中。

CSMA/CD 协议的工作过程为：由于整个系统不是采用集中式控制，且总线上每个节点发送信息要自行控制，所以各节点在发送信息之前，首先要侦听总线上是否有信息在传送，若有，则其他各节点不发送信息，以免破坏传送；若侦听到总线上没有信息传送，则可以发送信息到总线上。单个节点占用总线发送信息时，要一边发送信息一边检测总线，确认是否有冲突产生。发送节点检测到冲突产生后，就立即停止发送信息，并发送强化冲突信号，然后采用某种算法等待一段时间后再重新侦听线路，准备重新发送该信息。CSMA/CD 协议的工作流程如图 3-1 所示。

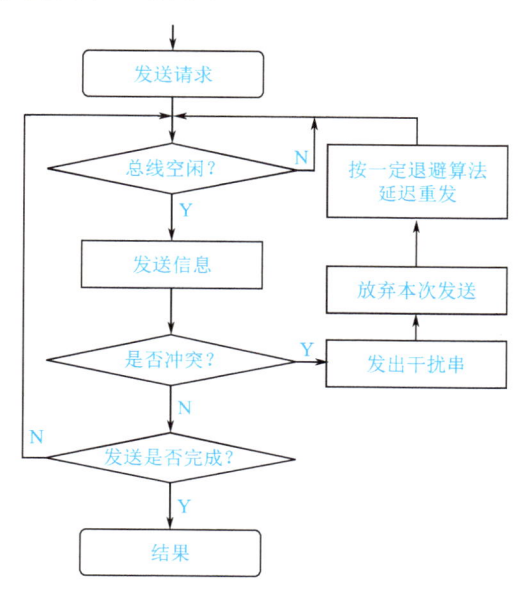

图 3-1 CSMA/CD 协议工作流程

冲突产生的原因可能是在同一时刻两个节点同时侦听到线路"空闲",又同时发送信息而产生冲突,使数据传送失效;也可能是一个节点刚刚发送信息,还没有传送到目的节点,而另一个节点此时检测到线路"空闲",于是将数据发送到总线上,从而导致了冲突。

CSMA/CD 是一种随机访问的有冲突协议。另一种无冲突的介质访问控制协议是令牌环协议,它类似于"击鼓传花"的游戏,所有站点连接成一个环,一个特定的称为令牌的帧在环中的各站点之间传递,只有得到令牌的站点才能发送数据,持有令牌的站点发送完数据后,就把令牌传递给下一个站点,以此类推。

3.1.4 共享式局域网和交换式局域网

在采用 CSMA/CD 协议的以太局域网中,各个站点共享一条总线,这使得任一时刻在局域网介质上只能有一个数据包传输,其他想发送数据的站点只能退避等待。对于这类"串行"式利用传输介质的 LAN,一般称为共享式局域网。以集线器为中心的星型局域网也是共享式局域网,集线器相当于多口中继器,如图 3-2 所示。

多个节点共享一段有冲突的传输介质,当局域网负载较重(节点多)时,由于冲突和重发的大量发生,导致局域网性能急剧下降,使得局域网的信息流量变得很低。虽然共享式以太网的传输速率为 10Mbps,但实际的可用带宽只有 3.5~4.5Mbps,介质的有效利用率很低。共享式局域网所提供的局域网带宽难以给予充分的支持。

交换式局域网技术从根本上改变了共享式局域网的结构。交换技术不但解决了带宽的"瓶颈"问题,而且也简化了局域网管理。交换式局域网已成为保护传统局域网硬件向高速 LAN 及 ATM 技术衔接过渡的有效技术,成为当今 LAN 组网技术的主流,如图 3-3 所示。目前,以太网、令牌环网、100Base-T、100Base-VG 和 FDDI 等都推出了交换式局域网产品。交换机正朝着高速化、智能化和易管理的方向发展,以满足应用系统尤其是多媒体通信系统对局域网的高带宽、短时延和易管理等方面的要求。

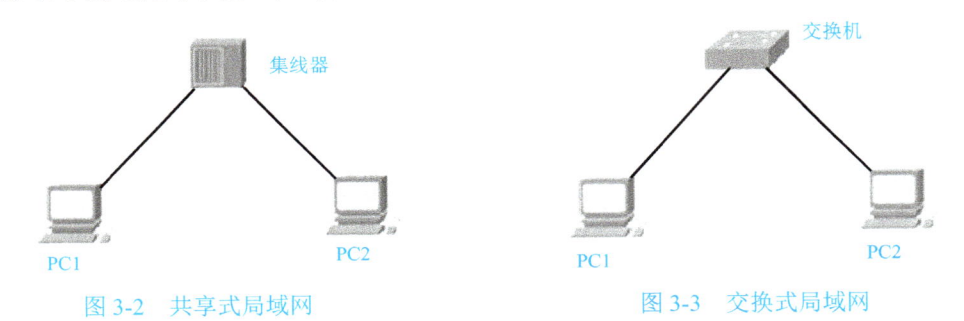

图 3-2　共享式局域网　　　　　　　　　图 3-3　交换式局域网

3.1.5 局域网的工作模式

根据计算机在网络中扮演角色的不同,目前的计算机局域网主要分为对等式网络、客户机/服务器式网络和混合式网络三种类型。

（1）对等网络

对等网络（Peer-to-Peer）也称为同级网络。在对等网络中不存在专用的服务器，每一台接入网络的计算机既是服务器，也是工作站台，拥有绝对的自主权，不同的计算机之间可以简单地实现互访，进行文件的交换和共享其他计算机上的打印机、光驱等硬件设备。对等网络的工作方式如图 3-4 所示。

图 3-4　对等网络工作方式

对等网络一般适用于计算机数量较少、对网络安全要求不高的一些场合，如家庭、学生宿舍、机房、网吧和小型办公室等。

（2）客户机/服务器网络

客户机/服务器网络也称基于服务器的网络，在这种网络中，必须有一台服务器，这台服务器提供了网络的安全保护和管理功能。根据服务器在网络中执行任务的不同可分成很多类型，主要有文件服务器、打印服务器、数据库服务器、Web 服务器、E-mail 服务器、FTP 服务器、目录服务器等。在局域网中使用得最多的是文件服务器，利用文件服务器可以为网络中的用户提供共享文件服务，用户可以通过它交换、读取、写入和管理共享文件。如图 3-5 所示为客户机/服务器网络的工作方式。

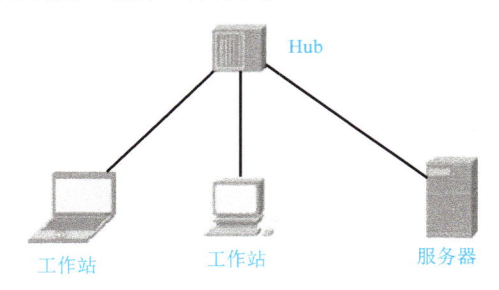

图 3-5　客户机/服务器网络工作方式

（3）混合网络

混合网络是指网络中的计算机既能以客户机的身份登录服务器，也可以不登录服务器，而与其他的客户机组成对等网络。混合网络是客户机/服务器网络与对等网络在特定环境下的组合，混合网络的工作方式如图 3-6 所示。

混合网络产生的基础是客户机/服务器网络，在混合网络中存在两种可能：一种是当工作站登录服务器后，工作站既可以共享服务器中的资源，也可以共享同一工作组中其他计算机上的资源；另一种是当工作站未登录服务器（如服务器未打开）时，工作站将自动组建成对等网络，同一工作组中的用户可以共享资源。混合网络集合了客户机/服务器网络和对等网络的优点，当然也包含了它们的缺点。

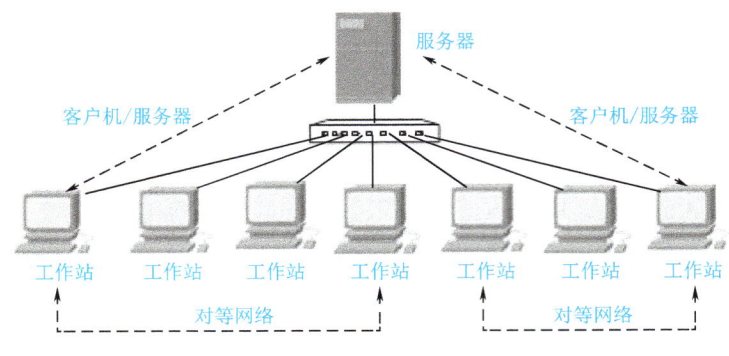

图 3-6　混合网络工作方式

3.1.6　IP 地址基础知识

互联网是一个由各种不同类型和规模的独立运行、管理的计算机网络组成的全球范围的计算机网络，在互联网上的每台主机都有一个唯一的标识——IP 地址。这种地址方案与日常生活中涉及的电话号码和通信地址相似。

目前，大多数 IP 编址方案仍采用 IPv4 编址方案，即由 32 位二进制数组成，为了方便使用，将 IP 地址的 32 位二进制数分成 4 段，每段 8 位，中间用小数点隔开，然后将每 8 位二进制数转换成十进制数。

IP 地址可以表示为二进制格式和十进制格式。二进制格式的 IP 地址为 32 位，分为 4 个 8 位二进制数。为书写方便起见，常将每字节作为一段并以十进制数来表示，每段间用"."分割，每段的取值范围为 0～255。例如：10000111.01101111.00000101.00011011（十进制数表示为 135.111.5.27）就是合法的二进制格式。为了便于为不同的网络分配 IP 地址，可把整个 IP 地址划分为两个部分：网络号（IP 地址的高位部分）和主机号（IP 地址的低位部分）。网络号用于标识互联网中的一个特定网络，主机号用于表示该网络中主机的一个特定连接。IP 地址结构如图 3-7 所示。

图 3-7　IP 地址结构

在现实世界中，有的网络可能含有较多的计算机，有的网络可能包含较少的计算机。按照网络规模的大小，IP 协议将 IP 地址分成 A、B、C、D、E 五类，它们分别用 IP 地址的高位来区分。IP 地址的分类如图 3-8 所示。

一般常用的 IP 地址有 A、B、C 三类。D 类 IP 地址用于组播地址发送，E 类 IP 地址是保留地址，供实验使用。表 3-1 列出了各类 IP 地址的特点。

在 A 类 IP 地址中，8 位标识网络号，但网络标识的首位必须是"0"，这样它的取值范围为 1～126。主机标识包括整个 IP 地址后 3 个 8 位地址段，共 24 位。

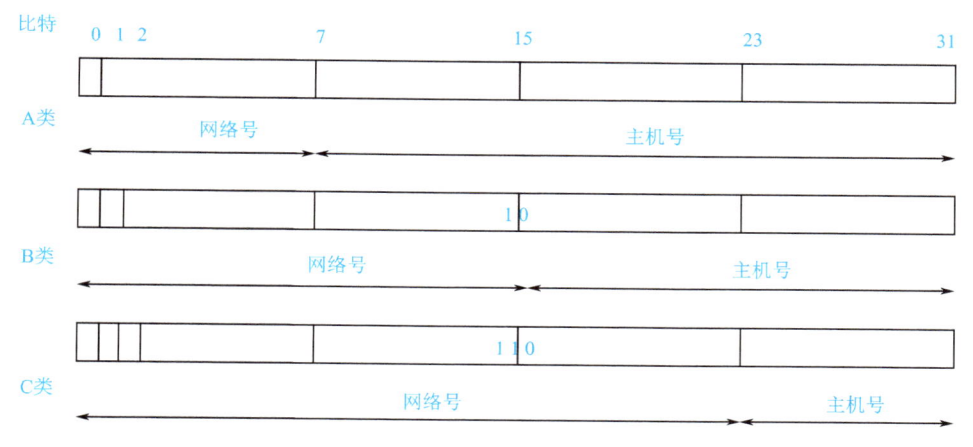

图 3-8 IP 地址的分类

表 3-1 各类 IP 地址的特点

类别	类标识	第一字节	网络地址长度	主机地址长度	最大网络数	最大主机数	适用范围
A 类	0	1～126	1 字节	3 字节	126	16777214	大型网络
B 类	10	128～191	2 字节	2 字节	16382	65534	中型网络
C 类	110	192～223	3 字节	1 字节	2097150	254	小型网络
D 类	1110	224～239	—	—	—	—	多点播送
E 类	11110	240～247	—	—	—	—	保留地址

在 B 类 IP 地址中，16 位标识网络号，但网络标识的前两位必须是"10"，这样它的取值范围为 128.0～191.255。主机标识包括整个 IP 地址后两个 8 位地址段，共 16 位。

在 C 类 IP 地址中，24 位标识网络号，但网络标识的前 3 位必须是"110"，这样它的取值范围为 192.0.0～223.255.255。主机标识包括整个 IP 地址后 1 个 8 位地址段，共 8 位。

使用子网掩码可以确定 IP 地址中的网络标识和主机标识。子网掩码与 IP 地址的格式类似，主要用于对子网的管理，其中二进制数全为"1"的位为网络标识，全为"0"的位则为主机标识。A 类网络的子网掩码默认为 255.0.0.0，B 类网络的子网掩码默认为 255.255.0.0，C 类网络的子网掩码默认为 255.255.255.0。例如：IP 地址 10000111.01101111.00000101.00011011（十进制数表示为 135.111.5.27），它的子网掩码是 11111111.11111111.00000000.00000000（十进制数表示为 255.255.0.0），那么该 IP 地址的网络号就是 10000111.01101111（十进制数表示为 135.111）、主机号是 00000101.00011011（十进制数表示为 5.27）。表 3-2 给出了 A 类、B 类、C 类 IP 地址的默认子网掩码。

表 3-2 三类 IP 地址的默认子网掩码

类　　别	IP 地址举例	默认子网掩码
A 类	125.103.88.101	255.0.0.0
B 类	189.101.76.122	255.255.0.0
C 类	221.155.87.156	255.255.255.0

有时候为了网络管理方便，将一个网络划分为几个子网，那么这个网络中 IP 地址的子网掩码就不是默认类型。

另外，还有一些特殊地址，包括环回地址、直接广播地址、受限广播地址等。例如，127.0.0.x（x 为 1～255 的整数）是环回地址，127 是一个保留地址，该地址是指计算机本身，主要作用是预留为测试使用，用于网络软件测试及本地机进程间通信。在 Windows 系统中，该地址还有一个别名叫"Localhost"，无论是哪个程序，一旦使用该地址发送数据，协议软件会立即返回，不进行任何网络传输，除非出错，包含该网络号的分组是不能够出现在任何网络上的。

还有一些地址是私有地址，这些地址被大量用于企业内部网络中。一些宽带路由器，也往往使用 192.168.1.1 作为默认地址。私有网络由于不与外部互联，因而有可能可以随意使用 IP 地址。保留这样的地址供其使用是为了避免以后接入公网时引起地址混乱。使用私有地址的私有网络在接入 Internet 时，要使用地址翻译（nat），将私有地址翻译成公用合法地址。在 Internet 上，这类私有地址是不能出现的。私有地址见表 3-3。

表 3-3　私有地址

类　　别	IP 地址范围	网　段　号
A 类	10.0.0.0～10.255.255.255	10
B 类	172.16.0.0～172.31.255.255	172.16～172.31
C 类	192.168.0.0～192.168.255.255	192.168.0～192.168.255

3.2　局域网组建技术

3.2.1　决定局域网特征的主要技术

决定局域网特征的主要技术有三个：连接网络的拓扑结构、传输介质及介质访问控制方法，这三种技术在很大程度上决定了传输数据的类型、网络的响应时间、吞吐量和利用率及网络的应用环境。

- 拓扑结构

局域网典型的拓扑结构有星型、环型、总线型和树型。交换技术的发展使星型结构被广泛采用。环型拓扑结构采用分布式控制，它控制简便，结构对称性好，负载特性好，实时性强。令牌环网（Token Ring）和光纤分布式数据接口（FDDI）网均为环型拓扑结构。

- 传输介质

局域网的传输介质有双绞线、同轴电缆、光纤、无线介质等。局域网的传输形式有两种：基带传输与宽带传输。在局域网中，双绞线是最为廉价的传输介质，非屏蔽 5 类双绞线的传输速率为 100Mbps，在局域网中被广泛使用。

同轴电缆是一种较好的传输介质，它既可用于基带系统又可用于宽带系统，并具有吞吐量大、可连接设备多、性能价格比较高、安装和维护较方便等优点。

由于光纤具有 1000Mbps 的传输速率，抗干扰性强，且误码率较低，传输时延可忽略不计，因此在一些局域网的主干网中得到了广泛的应用，但是因光纤和相应的网络配件价格较高，也促使人们不断地开发双绞线的潜力。

在某些特殊的应用场合，当不便使用有线传输介质时，就可以采用无线链路来传输信号。

● 介质访问控制方法

介质访问控制方法，也就是信道访问控制方法，可以简单地把它理解为控制网络节点何时能够发送数据。IEEE 802 规定了局域网中最常用的介质访问控制方法：IEEE 802.3 载波监听多路访问/冲突检测（CSMA/CD）、IEEE 802.5 令牌环（Token Ring）和 IEEE 802.4 令牌总线（Token Bus）。

局域网组建技术包括了以太网技术、令牌环网技术、FDDI 技术、无线局域网技术等。当前局域网设计中，以太网技术是应用最广泛的一种。

以太网以其灵活性、可扩展性成为局域网组网技术中最有价值、最为持久的技术之一。典型的以太网包括 10Base-T 和 10Base-F。

10Base-T 双绞线以太网使用非屏蔽双绞线（UTP）来连接传输速率为 10Mbps 的以太网，采用基带传输。10Base-T 以太网支持结构化综合布线系统，使用集线器（Hub）构成星型拓扑或树型拓扑的网络结构，具有良好的故障隔离功能。网络某一段线路或某一工作站出现故障时，不会影响到网络其他站点，提高了故障检测和冲突控制效率，组网容易且易于维护。

快速以太网 100Base-T 的数据传输速率为 100Mbps，拓扑结构为星型，保留着 10Mbps 以太网的所有特征：具有相同的帧格式、相同的介质访问控制方式（CSMA/CD）和相同的组网方法。

3.2.2 无线局域网组网技术

无线局域网 WLAN（Wireless LAN），覆盖距离为几十米至几百米，一般用于家庭、办公场所及酒店等公共场所。无线局域网的主流技术有三种：蓝牙技术、红外线和扩展频谱。其中，红外线与扩展频谱技术被 IEEE 选为无线局域网的标准，称为 IEEE 802.11。WLAN 利用无线技术在空中传输数据、语音和视频信号，作为传统布线网络的一种替代方案或延伸。只要在有线网络的基础上通过无线接入点、无线网桥、无线网卡等无线设备，就可在不进行传统布线的同时，提供有线局域网的所有功能，并能随着用户的需要随意更改扩展网络。无线局域网由于其组网快捷、接入灵活、成本低廉等优势，近几年得到快速发展。

无线局域网组网的硬件设备主要有无线网卡、无线接入点（无线 AP，Wireless Network

Access Point）和无线路由器等。
- 无线网卡：主要有三种类型，即笔记本电脑专用的 PCMCIA 无线网卡、台式计算机专用的 PCI 无线网卡和 USB 无线网卡（笔记本电脑与台式计算机都可使用）。
- 无线 AP：作用类似于有线局域网中的 Hub，将各种无线数据收集起来进行中转。利用无线 AP 可连接网络中装有无线网卡的计算机，从而形成一个无线网络，无线 AP 与终端用户的无线传输距离最大为 100m。由于共享带宽，一般一台无线 AP 可支持 2～30 个终端用户。无线 AP 通常具有一个或多个 RJ-45 接口，可用来与有线局域网进行连接，以达到扩展网络的目的。

常见的无线局域网组网技术有基站模式和点对点模式。
- 基站模式：采用 Hub 接入型结构，通过多块无线网卡和一台无线 AP 实现无线网内部及无线网与有线网之间的互联。本方案适合于家庭和无线办公网中的共享带宽的应用。基站模式如图 3-9 所示。

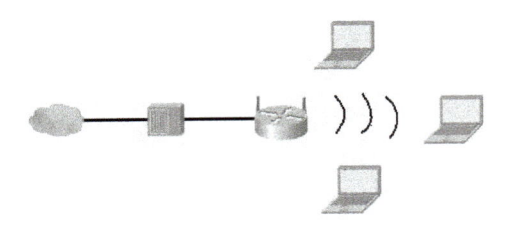

图 3-9　基站模式

- 点对点模式：使用无中心结构，通过计算机中的无线网卡实现计算机点对点连接。采用这种方式的无线局域网不能连接到外部网络。点对点模式如图 3-10 所示。

图 3-10　点对点模式

3.2.3　布线设计

采用以太网组建局域网，网络基本拓扑结构一般是星型或树型；采用令牌环技术组建局域网，网络的基本拓扑结构是环型。网络拓扑结构确定后，根据所建局域网的地理位置对局域网进行布线设计。

布线设计现在一般采用结构化综合布线系统。结构化综合布线将所有的语音、数据信号、视频信号及控制信号，经过统一规划设计，综合在一套标准之上，各种拓扑结构的网络将接头插入标准插座内。当终端设备或其位置发生变化时，只需将接头拔出，再将其插入新地点的插座内，这样就不需要再敷设新的电缆和安装新的插座了。

结构化综合布线系统采用模块化的结构。按每个模块的作用，可以把结构化布线划分成 7 个部分：设备间子系统、工作区子系统、管理间子系统、水平子系统、垂直子系统、建筑群子系统、进线间子系统。结构化综合布线系统结构如图 3-11 所示。

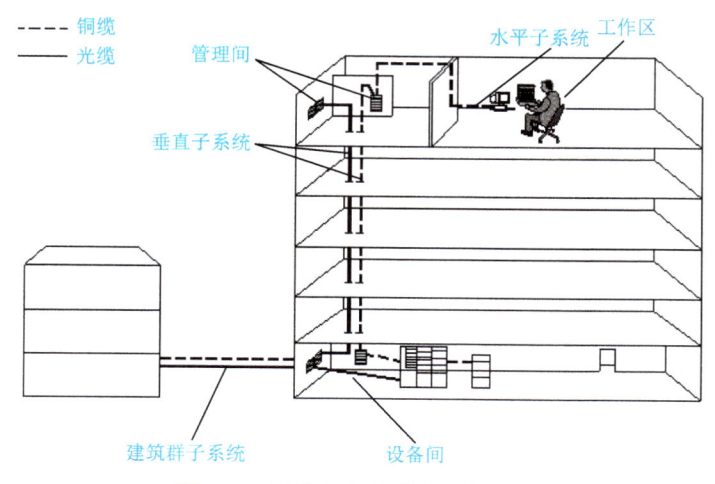

图 3-11　结构化综合布线系统结构

（1）工作区子系统

工作区子系统是一个独立的需要设置终端设备的区域，由信息插座延伸到工作区终端设备处的连接电缆及适配器组成，工作区的终端设备可以是计算机、电话等。工作区子系统如图 3-12 所示。

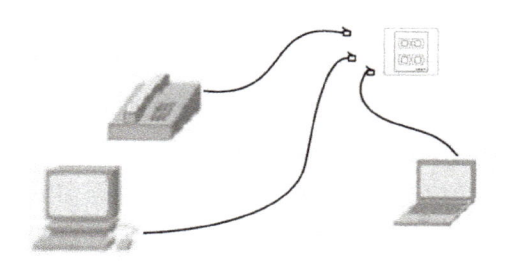

图 3-12　工作区子系统

一个独立的需要设置终端设备的区域宜划分为一个工作区。每个工作区至少配置一个信息插座，信息插座是终端设备与水平子系统连接的接口。工作区子系统设计时要注意以下几点。

- 确定信息插座类型。信息插座分为嵌入式和表面安装式两种，可以根据用户需求采用不同的方式。
- 确定信息插座数量。一般一个工作区的面积可按 5~8m² 估算，每个工作区至少安装一个信息插座，或按客户需求进行设置。
- 从信息插座到终端设备的连线使用双绞线，一般不超过 5m。
- 信息插座须安装在不易碰到的墙壁上，插座距离地面 30cm 以上。
- 注意插座和插头的线序，不要接错线头。

（2）水平子系统

水平子系统是从管理间子系统线架到工作区信息插座的部分，一般为星型拓扑结构。一个水平子系统在特定的一个楼层上，仅与管理间、信息插座连接。电缆可以采用非屏蔽双绞线 UTP，对数据传输速率要求高的网络可以采用 5 类 8 芯双绞线，或根据场地环境及客户要求采用屏蔽双绞线 STP。

水平子系统设计一般有以下步骤。

- 确认各管理间的位置。
- 确认电缆的布线方法。一般水平子系统的布线方法有三种：① 直接埋管式；② 先走吊顶内线槽，再走支管到信息出口的方式；③ 地面线槽方式。
- 确认每个管理间要服务的布线区。
- 确认每个布线区内工作区的数量，信息插座类型与数量。
- 依据电缆敷设环境选择电缆型号。
- 确认距离管理间最远的信息插座位置。
- 确认距离管理间最近的信息插座位置。
- 设计电缆敷设路径。
- 计算平均电缆长度及电缆总长度。

（3）垂直子系统

垂直子系统也叫干线子系统，由连接设备间与各层管理间的垂直干线电缆组成，其任务是将各楼层管理间的信号传送到设备间，直至传送到最终接口，再连通外部网络。

垂直子系统应选择电缆最短、最安全和最经济的路径，宜选择带门的封闭型通道敷设干线电缆。封闭型通道是指建筑物内一连串上下对齐的管理间，每层楼都有一间，利用电缆竖井、电缆孔、电缆桥架等穿过这些房间的地板层。根据实际情况，干线电缆可以采用点对点端接，或电缆直接连接方法，或其他连接方式。点对点端接是最简单、最直接的连接方法，每根干线电缆直接由设备间延伸到指定楼层的管理间。电缆直接连接方法是主干电缆直接和工作区相连。垂直子系统多采用大对数双绞线，其中 25 对、50 对、100 对最常用。大对数双绞线电缆支持高速数据信号传输。垂直子系统主干电缆也可采用光纤，为今后整套布线系统的发展提供足够的余量。

垂直子系统拓扑结构是由主配线架、分配线架经电缆连接而成的星型结构。垂直子系统设计步骤如下。

- 确定主干电缆的类型及型号，如采用大对数双绞线、光纤等。
- 确定垂直子系统规模。
- 确定建筑物每层的干线。
- 确定整座建筑物的干线。
- 确定楼层管理间至设备间的干线电缆路径。
- 计算平均主干电缆长度及主干电缆总长度。

（4）设备间子系统

设备间是在每幢建筑物的适当地点进行网络管理和信息交换的场地，主要安装建筑物配线设备，电话交换机、计算机主机设备及入口设施也可与配线设备安装在一起，是综合布线系统最主要的管理区域，连接着其他各个子系统，使其构成一个统一的整体。

设备间内的所有进线终端设备宜采用色标区别各类用途的配线区。

设备间位置及大小应根据设备的数量、规模、最佳网络中心等内容综合考虑确定，设备间的位置确定一般应遵守以下事项。

- 应尽量选在建筑物平面及其综合布线系统干线综合体的中间位置。
- 应尽量靠近服务电梯，以便装运笨重设备。
- 应尽量避免在建筑物的高层或地下室，以及用水设备的下层。
- 应尽量远离强振动源和噪声源。
- 应尽量避开强电磁场的干扰源。
- 应尽量远离有害气体及存放腐蚀、易燃、易爆物品的场所。

（5）管理间子系统

管理间子系统设置在每层配线设备的房间内。管理间子系统应由交接间的配线设备、输入/输出设备等组成，也可应用于设备间子系统。管理间子系统提供了与其他子系统连接的手段，交接使安排或重新安排路由成为可能，因而通信线路能够延续到连接建筑物内部的各个信息插座，从而实现综合布线系统的管理。

管理间子系统设计要点如下。

- 管理间子系统宜采用单点管理双交接。交接场所的结构取决于工作区、综合布线系统规模和选用的硬件。在管理规模大、复杂、有二级交接间时，才设置双点管理双交接。在管理点，宜根据应用环境用标记插入条来标出各个端接场。单点管理位于设备间里的交换机附近，通过线路不进行跳线管理，直接连至用户房间或服务接线间里的第二个接线交接区。双点管理除交接间外，还设置第二个可管理的交接。双交接为经过二级交接设备，每个交接区实现线路管理的方式是在各色标场之间接上跨接线或插接线，这些色标用来分别标明该场是干线电缆、配线电缆还是设备端接点。各色标场分别分配给指定的接线块，而接线块则按垂直或水平结构进行排列。
- 交接区应有良好的标记系统，如建筑物名称、建筑物位置、区号、起始点和功能等标记。综合布线系统使用了三种标记：电缆标记、场标记和插入标记，其中插入标记最常用。这些标记通常是硬纸片或其他方式，由安装人员在需要时取下来使用。
- 交接间及二级交接间的本线设备宜采用色标区别各类用途的配线区。
- 交接设备连接方式的选用宜符合下列规定：① 对楼层上的线路较少进行修改、移位或重新组合时，宜使用夹接线方式；在经常需要重组线路时，使用插接线方式。② 在交接场之间应留出空间，以便容纳未来扩充的交接硬件。

（6）建筑群子系统

建筑群子系统是将一个建筑物中的电缆延伸到另一个建筑物的通信设备和装置，通常由光缆和相应设备组成。建筑群子系统是综合布线系统的一部分，它支持楼宇之间通信所需的硬件，其中包括导线电缆、光缆及防止电缆上的脉冲电压进入建筑物的电气保护装置。

在建筑群子系统中，会遇到室外敷设电缆的问题，一般有三种情况：架空电缆、直埋电缆、地下管道电缆，或者是这三种情况的任意组合，具体情况应根据现场的环境来决定。设计要点与垂直干线子系统相同。

（7）进线间子系统

进线间是建筑物外部通信和信息管线的入口部位，并可作为入口设施和建筑群配线设备的安装场地。一个建筑物宜设置一个进线间，一般位于地下层。

建筑群主干电缆、光缆，公用网和专用网电缆、光缆及天线馈线等室外缆线进入建筑物进线间时，应在进线间转换成室内电缆、光缆，在缆线的终端处应设置入口设施，并在外线侧配置必要的防雷电保护装置。入口设施中的配线设备应按引入的电、光缆容量配置。

3.3　网络设备安装与调试

从图 3-13 可以看出，在企业网和园区网建设中，交换机和路由器所占的地位非常重要。各种品牌的交换机、路由器的配置大同小异。本部分内容通过思科模拟器 Cisco Packet Tracer 介绍交换机和路由器的配置方法及典型配置功能。

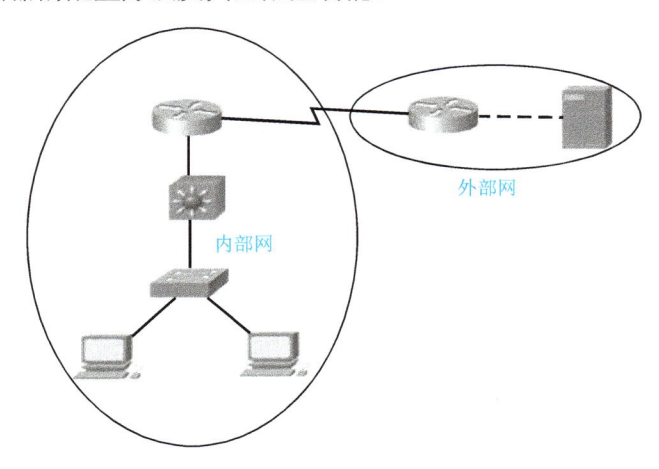

图 3-13　网络拓扑图例

3.3.1　网络设备的物理连接

网络设备的接收端和发送端只有连接正确，才能保证正确地收发数据信号，根据不同设备接口机制的不同，设备之间的连线分为直通线和交叉线。在计算机网络 RJ-45 接口的通信设备中，网卡、集线器、交换机的级联口（UPLINK）和路由器内口的收发机制是一样的，其接口有 8 个引脚，在 10Base-T 和 100Base-T 网络中，只用到其中的 4 个引脚，即引脚 1、引脚 2、引脚 3 和引脚 6，其余 4 个引脚，为将来升级为 1000Base-T 网络时使用。若引脚 1、引脚 2 为接收，引脚 3、引脚 6 为发送，则称其为平行模式介质接口，也就是 MDI 口；集线器和交换机的普通口的收发机制是一样的，引脚 1、引脚 2 为发送，引脚 3、引脚 6 为接收，称其为交叉模式介质相关接口，也就是 MDIX 口。为适应通信规则，在制作双绞线时，如果要连接的两个端口中一个是 MDI 口，一个是 MDIX 口，则用直通线；如果要连接的两个端口都是 MDI 口或都是 MDIX 口，则用交叉线。因此构建双机直联的对等网时，应该用交叉线互联两台计算机；构建以交换机或集线器为中心的星型网络时，主机与交换机或集线器之间应该用直通线；在交换机或集线器级联中，若一端接第一个交换机或集线器的普通口，另一端接第二个交换机或集线器的级联口（标识为 UPLINK），则选用直通线；若两端都用普通口级联，则选用交叉线；在应用路由器的网络环境中，交换机多为通过普通 RJ-45 端口与路由器的 Ethernet（以太）口或 Fastethernet（快速以太）口用直通线连接，主机网卡与路由器相连则用交叉线。当然，现在大多数路由器和交换机支持 Auto MDI/MDIX，可全用直通线连通。

3.3.2 网络设备的功能配置

网络设备互相连接后，是不是一定就可以互相通信了？当然不是。例如，两台计算机用交叉线进行双机直联后，如果不进行合适的 IP 协议配置，就不能进行数据传输。因此，在网络构建的过程中，经常要对交换机、路由器、防火墙、无线网关、无线接入点等设备进行功能配置。

网络设备的功能配置有本地配置方式、远程配置方式、通过 HTTP 协议使用 Web 页面配置方式、通过 SNMP 网管工作站进行远程配置方式等。下面主要讲解前两种方式。

（1）本地配置

交换机和路由器既没有显示器，也没有键盘，要进行内部配置就要用软件登录到交换机或路由器的内部设置程序中。交换机和路由器都有专用的本地配置口 CONSOLE 端口，通过它和计算机的串口相连接，不需要 IP 地址，只要知道串口的参数（如波特率等）就可以了，这种配置方式称为本地配置方式。

新购买的交换机一般不内置 IP 地址、域名或设备名称，因此必须通过本地配置方式设置完成后，才能通过其他的配置方式（Web 方式、Telnet 方式等）配置管理交换机或路由器，因此通过 CONSOLE 端口连接并配置交换机是最常用、最基本，也是网络管理员必须掌握的管理和配置方式。

不同品牌、不同类型的交换机的 CONSOLE 端口所处的位置和端口的类型也有所不同，端口所处的位置有的位于前面板，有的则位于后面板。在该端口旁有"CONSOLE"的标识，如图 3-14 所示为交换机 CONSOLE 端口，如图 3-15 所示为路由器 CONSOLE 端口。CONSOLE 端口的类型大多数为 RJ-45 端口，但也有采用 DB-9 串口端口的。

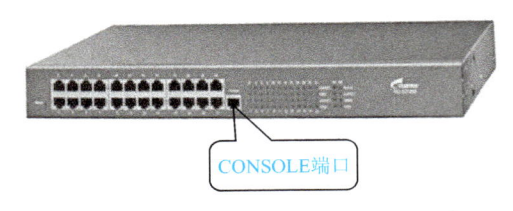

图 3-14　某品牌交换机的 CONSOLE 端口 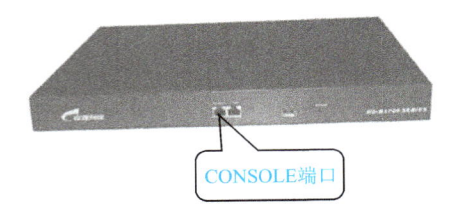　　　　图 3-15　某品牌路由器的 CONSOLE 端口

与交换机或路由器不同的 CONSOLE 端口相对应，CONSOLE 线也主要分为两种：一种是串行线，即两端均为串行接口（两端均为母头），两端可以分别接至计算机的串口和交换机的 CONSOLE 端口，如图 3-16 所示；另一种是一端是 RJ-45 接头，另一端是 DB-9 母头，如图 3-17 所示。所有交换机或路由器购买时都有相应的配置线。

图 3-16　串行配置线 　　　　图 3-17　RJ45-DB9 配置线

交换机或路由器本地配置步骤如下。
① 利用 CONSOLE 线缆将交换机或路由器的 CONSOLE 端口和计算机的串口连接。
② 打开配置 PC，通过"开始→程序→附件→通信→超级终端"，打开超级终端程序。
③ 配置超级终端的参数：

- 配置超级终端连接名称，名称可任意确定，如图 3-18 所示。
- 配置超级终端连接端口，选相应 COM 端口，如图 3-19 所示。

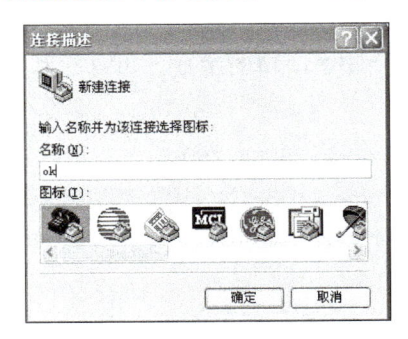

图 3-18　配置超级终端连接名称 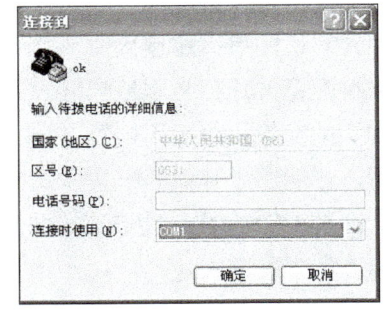　　　　图 3-19　配置超级终端连接端口

- 配置超级终端 COM 端口属性，如图 3-20 所示。

• 超级终端成功连接交换机或路由器的界面，如图 3-21 所示。

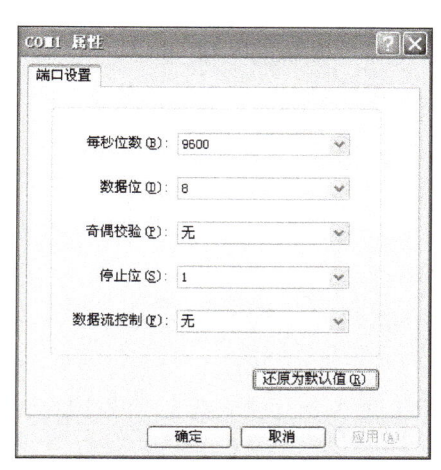

图 3-20　配置超级终端 COM 端口属性 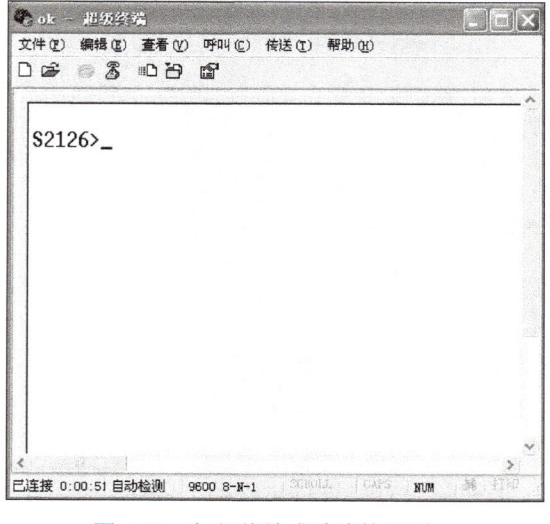　　　　图 3-21　超级终端成功连接界面

（2）基本配置命令

① 进入交换机特权配置模式。

Switch>enable　　　　　　　　　　　　　　！进入交换机特权配置模式

Switch#

② 进入全局配置模式。

Switch#configure terminal　　　　　　　　　！进入全局配置模式

Switch(config)#exit　　　　　　　　　　　　！退出全局配置模式

Switch#

③ 进入接口配置模式。

Switch(config)#interface fastethernet 0/1　　　！进入接口配置模式

Switch(config-if)#exit　　　　　　　　　　　！返回全局配置模式

Switch(config)#

④ 从子模式下直接返回特权模式。

Switch(config-if)#end　　　　　　　　　　　！直接返回特权配置模式

Switch#

⑤ 交换机命令行基本功能。

Switch>?　　　　　　　　　　　　　　　　！显示当前模式下可执行的操作命令

Switch#co?　　　　　　　　　　　　　　　！显示当前模式下以 CO 开头的命令

Switch#copy?　　　　　　　　　　　　　　！显示 COPY 命令后可执行的参数

Switch#hostname S1　　　　　　　　　　　！设置交换机的名字为 S1

Switch#show version　　　　　　　　　　　！查看交换机的版本信息

Switch(config-if)#speed 10　　　　　　　　　！配置交换机的端口速率为 10Mbps

Switch(config-if)#no shutdown　　　　　　！开启当前端口，使其可以转发数据

Switch#show interface fastethernet 0/6　　！查看以太网端口 0/6 的端口信息

⑥ 命令简写。

命令行操作进行自动补齐或命令简写时，要求所简写的字母必须能够唯一区别该命令。如 conf 可以代表 configure，但 co 无法代表 configure，因为以 co 开头的命令有两个：copy 和 configure，设备无法区别。例如：

全写为：**Switch#** configure terminal

简写为：**Switch#** conf t

⑦ 使用历史命令。

Switch# （向上键）　　　　　　　　**Switch#** （向下键）

⑧ 配置进入特权模式密码。

Switch(config)#enable password 123456　　！配置进入特权模式明文密码 123456

⑨ 配置进入特权模式密码。

Switch(config)#enable secret 123456　　！配置进入特权模式密文密码 123456

⑩ 为交换机配置管理 IP。

Switch (config)#interface vlan 1　　　　！打开交换机的管理 VLAN

Switch (config-if)#no shutdown　　　　　！VLAN 设置为启动状态

Switch (config-if)#ip address 192.168.1.1 255.255.255.0

　　　　　　　　　　　　　　　　　　　！为交换机配置管理地址

⑪ 保存配置。

Switch#write

⑫ 删除配置。

删除当前的配置：在配置命令前加 no

switch（config-if）# no ip address

⑬ 查看配置内容。

Switch#show run　　　　　　　　　　！查看 RAM 中当前生效的配置

3．通过 Telnet 进行远程配置

Telnet 协议是一种远程访问协议，属于 TCP/IP 协议簇，可以用它登录到远程计算机、网络设备或专用的 TCP/IP 网络。

通过 Telnet 进行远程配置的步骤如下。

① 在交换机上配置 Telnet。

Switch(config)#enable password 123456　　！设置特权密码 123456

Switch(config)# line vty 0 4　　　　　　！连接终端控制台

Switch(config-line)#password abc　　　　！设置远程登录密码 abc

Switch(config)#interface vlan 1　　　　　！进入管理 vlan

Switch(config-if)#ip address 192.168.1.1 255.255.255.0　！配置管理地址

Switch(config-if)#no shutdown　　　　　　　　　　　　　　! 开启管理接口

② 为本机配置一个与交换机 IP 在同一个网段的 IP 地址。

③ 从本机进入命令状态，使用 Telnet 命令从本机登录到远程交换机或路由器，并对其进行功能配置。

假定设备管理 IP 为 192.168.1.1/24，Telnet 主要显示窗口如图 3-22、图 3-23 所示。

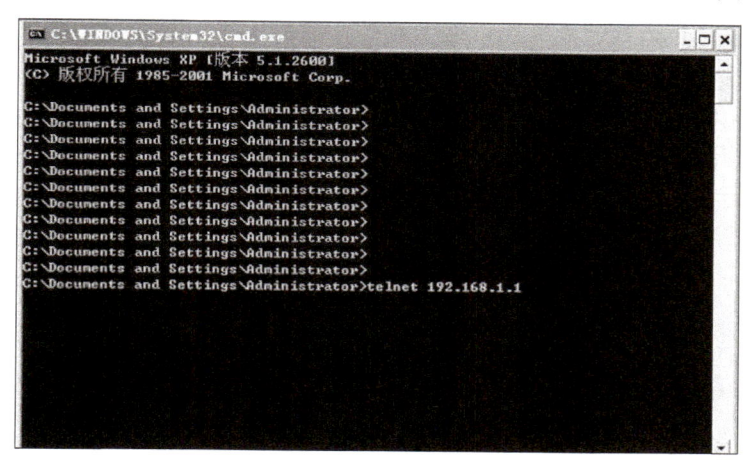

图 3-22　远程登录命令

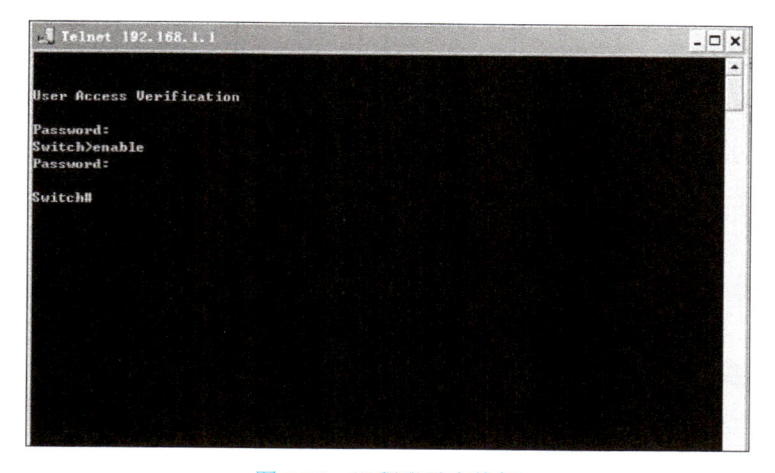

图 3-23　远程登录交换机

3.3.3　交换机常用功能概述

交换机是数据链路层设备，它可以将多个局域网网段连接到一个大型网络上。虽然交换机在出厂时已经进行了一定的设置，接入网络时一般就可以使用了，但为了便于网络的管理，通常在将交换机连入网络前还要对其进行相应的配置，以适应本地网络的需要。

网管交换机或路由器内所装的操作系统，一般称为 IOS 输入/输出系统，它提供给网络管理员一个交互的平台，可以是命令形式的，也可以是菜单形式的。下面介绍交换机的典型实用功能。

（1）端口聚合

虽然以太网技术不断发展，提供的网络带宽越来越大，但是仍然不能满足某些特定场合的高带宽需求，端口聚合技术可以解决这一问题。端口聚合又叫链路聚合，是指将交换机的多个端口在物理上分别连接，在逻辑上通过技术捆绑在一起，形成一个拥有较大带宽的复合主干链路。聚合在一起的链路的传输速率是各单一链路传输速率的叠加。

（2）冗余链路和生成树协议

在骨干网设备连接中，单一链路的连接很容易实现，但一个简单的故障可能造成网络的中断，因此在实际组网中为了保持网络的稳定性，在多台交换机组成的网络中通常使用一些备份连接，以提高网络的健壮性、稳定性，如图 3-24 所示。

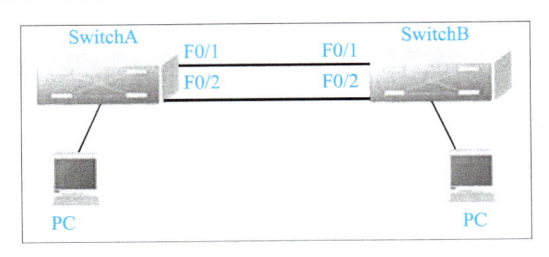

图 3-24 冗余链路

链路的冗余备份为网络带来健壮性、稳定性和可靠性，但同时也会使网络存在环路，从而导致新问题的发生，如广播风暴、多帧复制、地址表的不稳定性等。为了解决这些问题，需要在交换机上启用生成树协议（STP）。生成树协议通过 SPA（生成树算法）生成一个没有环路的网络，当主要链路出现故障时，能够自动切换到备份链路，保证网络的正常通信。

（3）端口的安全地址绑定

为了解决局域网内 MAC 地址攻击、ARP 攻击、IP/MAC 地址欺骗等问题，可以把交换机的端口和终端的 MAC 地址或 IP 地址绑定。如果一个端口被配置为一个安全端口，当其安全地址的数目已经达到允许的最大个数，或者该端口收到一个与源地址不符的包时，该安全端口就会发生违例。

处理违例的方式有以下几种。

- Protect：当安全地址数目达到最大值后，安全端口将丢弃未知名地址（不是该端口的安全地址中的任何一个）的包。
- Restrict：当违例产生时，将发送一个 Trap 通知。
- Shutdown：当违例产生时，将关闭端口并发送一个 Trap 通知。

（4）交换机 VLAN 的划分

VLAN 是虚拟局域网（Virtual Local Area Network）的简称，它是一个在物理网络上划分出来的逻辑网络。VLAN 不受物理位置的限制，可以进行灵活的划分，具备物理网络所具备的特性。相同 VLAN 内的主机可以互相直接访问，不同 VLAN 间的主机之间只能通过路由设备进行转发。广播数据包只可以在本机所在 VLAN 内传播，不能传播到其他 VLAN 中。

实现 VLAN 的方法有以下几种。

① 基于端口的 VLAN 划分。

PORT-VLAN 是实现 VLAN 划分的方式之一，是利用交换机的端口进行的 VLAN 划分，一个端口只能属于一个 VLAN。这种划分方式的缺点是灵活性差，当一台计算机从一个端口移动到另一个端口时，如果新端口和旧端口不在同一个 VLAN，则要重新配置。

以太网端口有两种常用链路类型：Access 和 Trunk。

Access 类型的端口只能属于一个 VLAN，一般用于连接计算机的端口；Trunk 类型的端口可以允许多个 VLAN 通过，可以接收和发送多个 VLAN 的报文，一般用于交换机之间连接的端口。

② 基于 MAC 的 VLAN 划分。

这种划分方式通过网络设备的 MAC 地址划分 VLAN，将一组 MAC 地址的成员划分为一个 VLAN，所以无论如何移动设备，都不需要重新配置 VLAN，因为接入计算机的 MAC 地址是不变的。这种方式的不足之处是配置较复杂。

③ 基于协议的 VLAN 划分。

这种方式是以 TCP/IP、IPX、NETBEUI 等协议划分 VLAN 的，使用同一协议的计算机可以互通，但这种方式很不可靠，只要用户更改协议和地址 VLAN 就会改变。

3.3.4 路由器配置

在互联网高度发展的今天，任何一个有一定规模的网络如企业网、校园网、智能大厦等都离不开路由器，否则很难正常运行和管理。路由器工作在 OSI 参考模型的第三层——网络层，是网络层数据包的转发设备，通过数据包的转发来实现网络互联。路由器一般至少和两个网络相连，并根据所连接的网络的状态，决定每个数据包的传输路径。

路由器的基本功能是把数据传送到正确的网络，主要包括：IP 数据包的转发（包括数据包的路径寻找和传送）；子网隔离、抑制广播风暴；维护路由表并与其他路由器交换路由信息；IP 数据包的差错处理及简单的拥塞控制；实现对 IP 数据包的过滤和记账。

思科路由器基本配置命令如下。

① 进入路由器特权配置模式。

Router>enable　　　　　　　　　　　　　！进入路由器特权配置模式

Router#

② 模式转换命令。

Router# configure terminal　　　　　　　！进入全局配置模式

Router(config)# interface fastethernet 1/0　　！进入路由器 F 1/0 的接口配置模式

Router(config-if)# end　　　　　　　　　！返回特权模式

③ 路由器命令行基本功能。

Router>?　　　　　　　　　　　　　　！显示当前模式下可执行的命令

Router#co?	！显示以 CO 开头的命令
Router#copy?	！显示 COPY 命令后可执行的参数
Router#show ip route	！查看路由器路由表信息
Router#show running-config	！查看路由器配置信息

④ 路由器端口配置信息。

Router(config)#hostname R1	！设置路由器的名字为 R1
R1(config)#interface fastethernet 1/0	！进入路由器 F 1/0 的接口配置模式
R1(config-if)#ip address 192.168.0.1 255.255.255.0	！设定端口的 IP 地址
R1(config-if)# no shutdown	！开启路由器 F 1/0 接口

⑤ 配置远程登录密码。

R1(config)# line vty 0 4	！进入路由器线路配置模式
R1(config-line)# login	！配置远程登录
R1(config-line)# password abc	！设置路由器远程登录密码为 abc
R1(config)# enable secret 123	！设置路由器特权模式密码为 123

⑥ 查看配置文件。

R1#show version	！查看版本及引导信息
R1#show run	！查看当前生效的配置信息

⑦ 保存配置文件。

R1#write

（1）静态路由功能

① 直连路由。

路由器能够自动产生激活端口 IP 所在网段的直连路由信息，路由器的每个接口都必须单独占用一个网段。按照图 3-25 所示，正确连接并设置好 IP 后，PC1 和 PC2 便可互相连通。

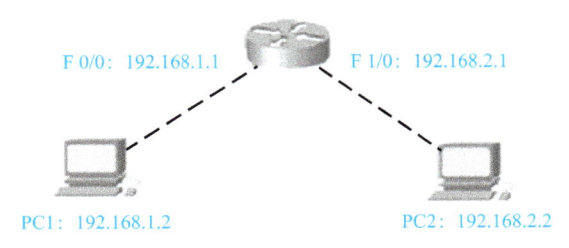

F 0/0: 192.168.1.1　　F 1/0: 192.168.2.1

PC1: 192.168.1.2　　　　　　PC2: 192.168.2.2

图 3-25　直连路由

② 静态路由。

静态路由是指网络管理员手工配置路由器中的路由信息。当网络的拓扑结构或链路的状态发生变化时，网络管理员要手工修改路由表中相关的路由信息，如图 3-26 所示。静态路由一般适用于小型网络，其命令格式为

ip route 目标 IP 地址　子网掩码　下一跳 IP 地址

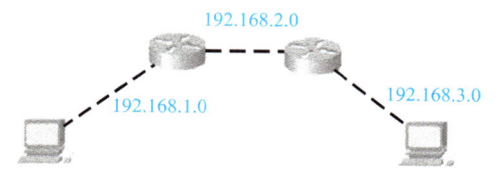

图 3-26 静态路由

如图 3-27 所示为思科模拟器静态路由图形配置界面。

图 3-27 思科模拟器静态路由图形配置界面

③ 默认路由。

默认路由可以看作静态路由的一种特殊情况,当所有已知路由信息都查不到数据包如何转发时,按默认路由的信息进行转发。默认路由的命令格式为

ip route 0.0.0.0 0.0.0.0 下一跳 IP 地址

如图 3-28 所示为思科模拟器默认路由图形配置界面。

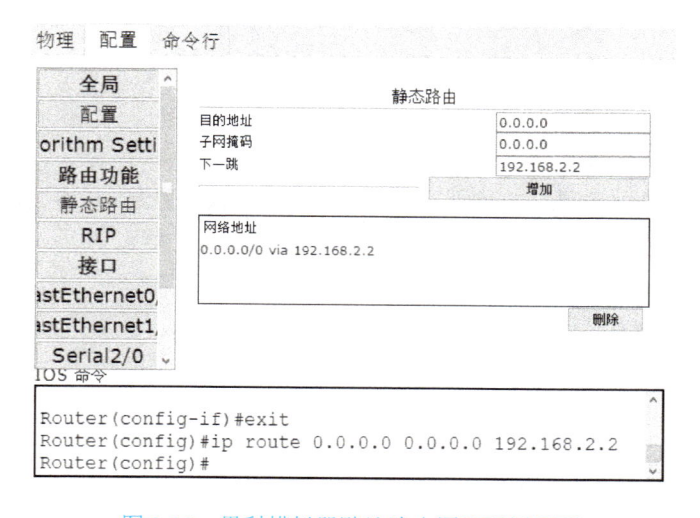

图 3-28 思科模拟器默认路由图形配置界面

(2) 动态路由协议

动态路由是指利用路由器上运行的动态路由协议定期与其他路由器交换路由信息,通

过从其他路由器上学习到的路由信息，自动建立起自己的路由。

① RIP 路由信息协议（Routing Information Protocols）。

RIP 路由信息协议是应用较早、使用较普遍的内部网关协议（Interior Gateway Protocol，IGP），适用于小型同类网络，是典型的距离矢量协议。RIP 协议是以跳数来衡量到达目的网络的度量值的，如果从网络的一个终端到另一个终端的路由跳数超过 15 个，则被认为是不可到达的。

② OSPF 路由协议（Open Shortest Path First）。

OSPF 路由协议是一个链路状态协议，其使用最短路径优先算法（SPF）计算路由。OSPF 是以组播的形式进行链路状态的通告的。在大规模的网络环境中，OSPF 支持区域的划分，可将网络进行合理规划。

（3）NAT 技术实现局域网接入 Internet

NAT（Network Address Translation）技术就是将网络地址从一个地址空间转换到另一个地址空间。应用 NAT 技术可以解决 IPv4 地址匮乏问题。经过 NAT 转换后，一个本地 IP 地址对应一个全局 IP 地址；经过 NAPT（Network Address Port Translation）转换后，多个本地地址对应一个全局 IP 地址。在构建局域网的过程中，动态 NAPT 技术应用更为广泛。

3.4 局域网组建实训项目

实训任务一　组建双机互联的对等网络

【实训目的】

1. 掌握双机互联对等网络的组建方法及其特点；
2. 掌握双机互联对等网络的软件系统配置方法，如各种服务和协议的配置；
3. 掌握网络连通性测试方法和技能。

【实训设备】

安装了 Windows 7 系统的 PC，交叉网线。

【实训步骤】

1. 确认网卡及驱动程序正常

一般网卡集成在计算机主板上，网卡驱动程序在安装 Windows 7 系统时已经匹配安装了。

（1）若主板没有集成网卡，需将网卡插接在主板的 PCI 插槽中。可按以下操作安装网卡驱动：

在其他能上网的计算机中下载360驱动大师（网卡版）或驱动精灵（网卡版）并将其保存到U盘，将U盘插到需安装驱动的计算机的USB插口，单击安装程序进行安装，一般会自动匹配网卡驱动。

（2）网卡及网卡驱动程序安装完毕后，可按以下操作查看网卡及驱动是否安装正确：

右击桌面上的"计算机"，在弹出的快捷菜单中选择"管理→设备管理器→网络适配器"选项，在打开的窗口中查看已安装的网络适配器前有无"黄色感叹号"标记。如果没有该标记，则表示网卡能够正常工作；如果有该标记，可右击该网络适配器，在弹出的快捷菜单中选择"卸载"选项。卸载网卡后，再重新安装。安装好网卡及网卡驱动程序后的界面如图3-29所示。

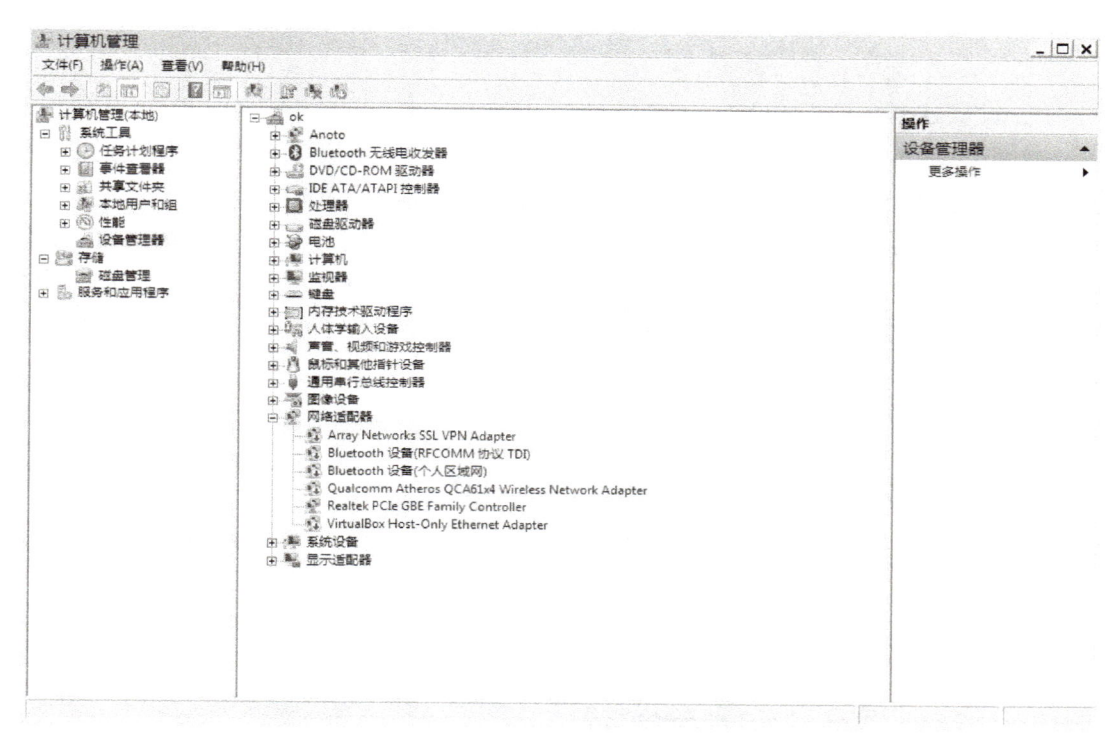

图3-29　在设备管理器中查看网卡

2．更改计算机名及工作组

更改本地计算机名：右击桌面上的"计算机"，在弹出的快捷菜单中选择"属性→更改设置→计算机名→更改"选项。为了能够进行统一管理，计算机名可以按如下规律进行命名：S＋组号＋机号，如将第1组的第2台计算机命名为S102。为了实训方便起见，计算机系统不设置密码。

更改工作组：在"隶属于→工作组"对话框中，按统一要求输入工作组名称，如"CHINA"，如图3-30所示。

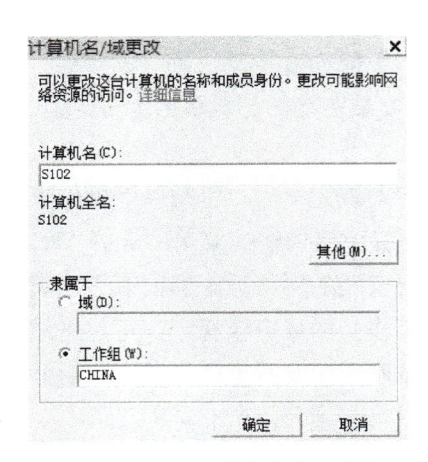

图 3-30　更改计算机名和工作组

3．设置 IP 地址

在桌面的"网络"上单击鼠标右键，在弹出的快捷菜单中选择"属性→更改适配器设置"选项，右键单击"本地连接"，在弹出的快捷菜单中选择"属性"选项，在打开的窗口中，双击"Internet 协议版本 4（TCP/IPv4）"，打开"Internet 协议版本 4（TCP/IPv4）属性"对话框，如图 3-31 所示。在"常规"选项卡中选中"使用下面的 IP 地址"单选项，在"IP 地址"中输入"192.168.0.1"，在"子网掩码"中输入"255.255.255.0"。将另一台计算机的 IP 地址设为"192.168.0.2"，子网掩码为"255.255.255.0"。

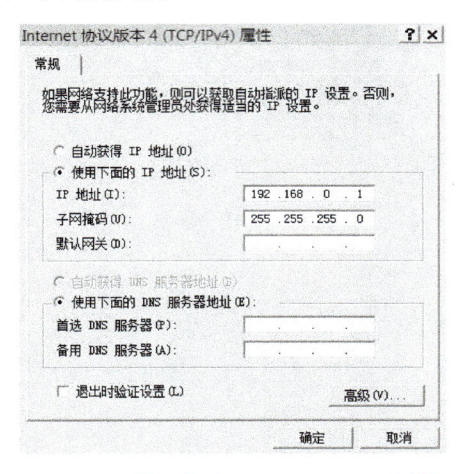

图 3-31　"Internet 协议版本 4（TCP/IPv4）属性"对话框

4．双机互接

使用制作好的双绞线（交叉线）将相邻两台计算机通过网卡直接相连以构成最小的对等网络，连接图如图 3-32 所示。

图 3-32　双机互联拓扑图

5．网络连通性测试方法

使用网络命令 ping。ping 命令格式为

ping [-t] [-n 值] [-a] IP 地址

参数说明：-t 表示连续测试；-n 值表示测试数据包的个数；-a 表示返回计算机名。

单击开始菜单"开始→运行"，在"运行"对话框中输入"cmd"，然后按回车键。在 DOS 命令行方式下，输入"ping 192.168.0.2"，然后按回车键，出现如图 3-33 所示信息，这表示 S101 和 S102 处于连接状态。如果信息为"Request timed out"，则表明双机互联不成功。

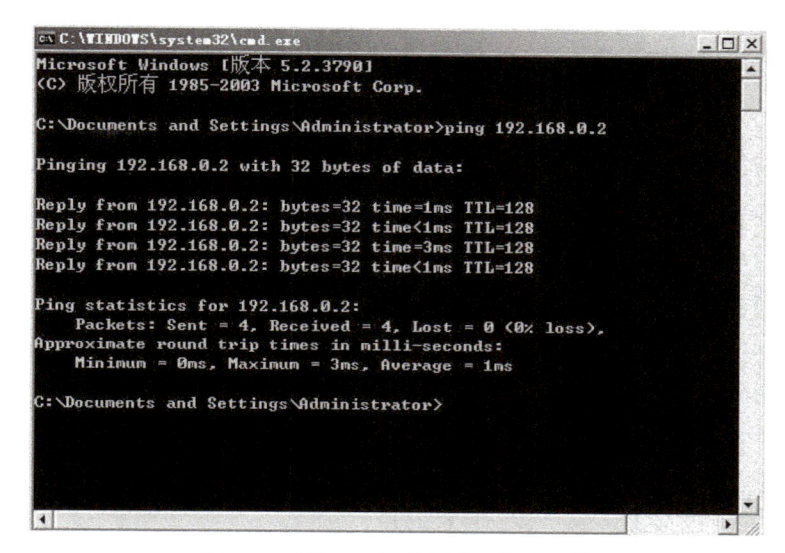

图 3-33　用 ping 命令测试网络连通性

实训任务二　构建共享式局域网和交换式局域网

【实训目的】

1．掌握小型局域网搭建方法；

2．认识集线器和交换机；

3．掌握网络连通性测试方法和技能。

【实训设备】

计算机、思科模拟器 Cisco Packet Tracer。

【实训步骤】

（1）打开思科模拟器 Cisco Packet Tracer。

（2）在设备选择区分别选择一台集线器、一台交换机、4 台 PC，将它们添加于工作区，如图 3-34 所示。

（3）选择直通双绞线，分别构建以集线器和交换机为核心的共享式局域网和交换式局域网。

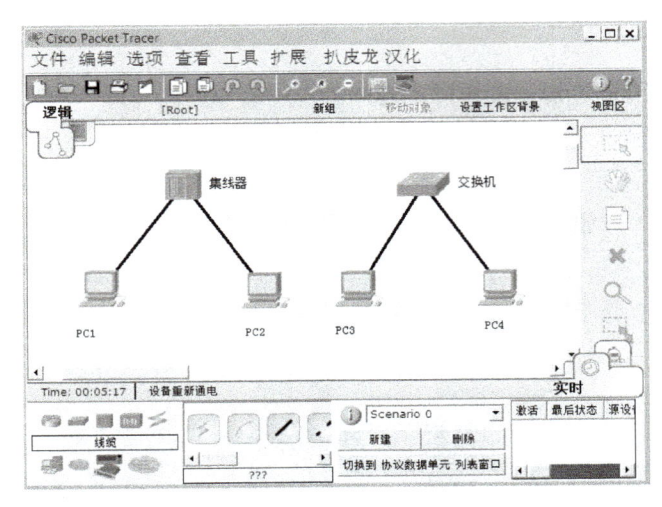

图 3-34　共享式局域网和交换式局域网

（4）为 4 台计算机分别设置 IP 地址及子网掩码。

PC1：192.168.0.1/32

PC2：192.168.0.2/32

PC3：192.168.0.1/32

PC4：192.168.0.2/32

（5）使用 ping 命令测试网络连通性。

ping 127.1.1.1　　　　　　　（本机回路测试）

ping 己方主机 IP 地址　　　　（检查 TCP/IP）

ping 目的主机 IP 地址　　　　（测试网络是否连通）

ping 192.168.0.254　　　　　（测试一个不存在的主机）

ping 目的主机 IP 地址　　　　（有意拔下电缆线，测试网络不通时出现的情况）

实训任务三　单交换机端口的 VLAN 划分

【实训目的】

1．掌握单交换机端口划分 VLAN 方法，实现单交换机端口上连接设备之间的安全隔离；
2．学会利用思科模拟器 Cisco Packet Tracer 设备配置窗口进行功能配置。

【实训设备】

PC、思科模拟器 Cisco Packet Tracer。

【实训步骤】

（1）应用思科模拟器 Cisco Packet Tracer 按图 3-35 所示连接计算机和交换机。

（2）在如图 3-36 所示的模拟器计算机桌面功能界面，单击 PC1，弹出窗口，选择"桌面→IP 配置"，输入静态 IP "192.168.0.1"，子网掩码 "255.255.255.0"；单击 PC2，弹出窗口，选择"桌面→IP 配置"，输入静态 IP "192.168.0.2"，子网掩码 "255.255.255.0"；

选择任意一台 PC 桌面的命令提示符，在弹出窗口中用 ping 命令检验两台主机的连通性，如图 3-37 所示。

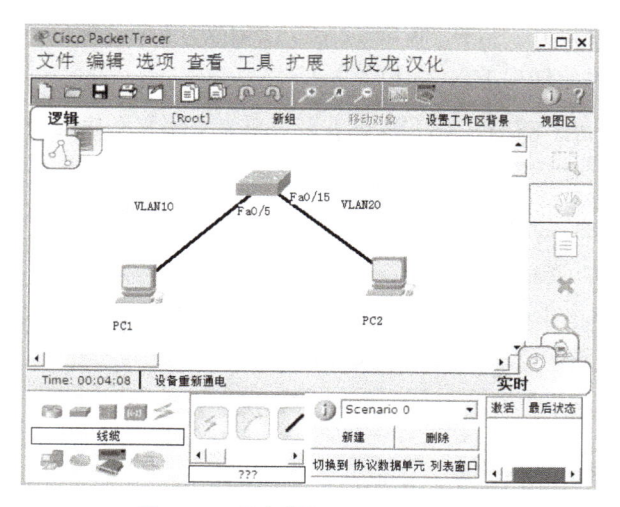

图 3-35　单交换机 VLAN 的划分

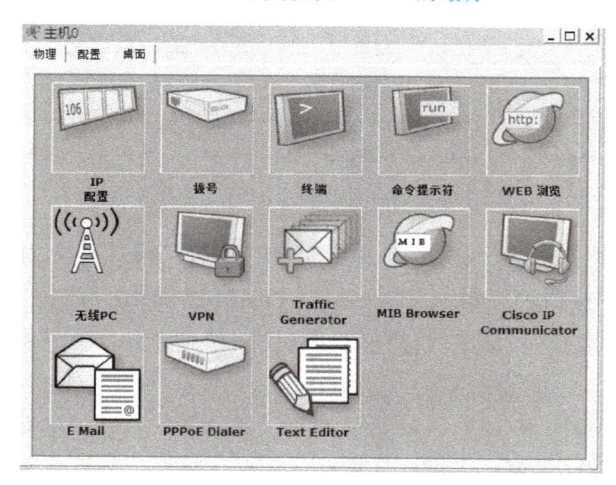

图 3-36　模拟器计算机桌面功能界面

图 3-37　用 ping 命令测试连通性

（3）创建虚拟局域网。单击交换机，弹出接口图形配置界面，如图 3-38 所示，选择 VLAN 数据库，在"VLAN 号"栏输入"10"，"VLAN 名称"取名"text1"，单击"增加"按钮，由此创建了 VLAN 10；再在"VLAN 号"栏输入"20"，"VLAN 名称"取名"text2"，单击"增加"按钮，由此创建 VLAN 20。

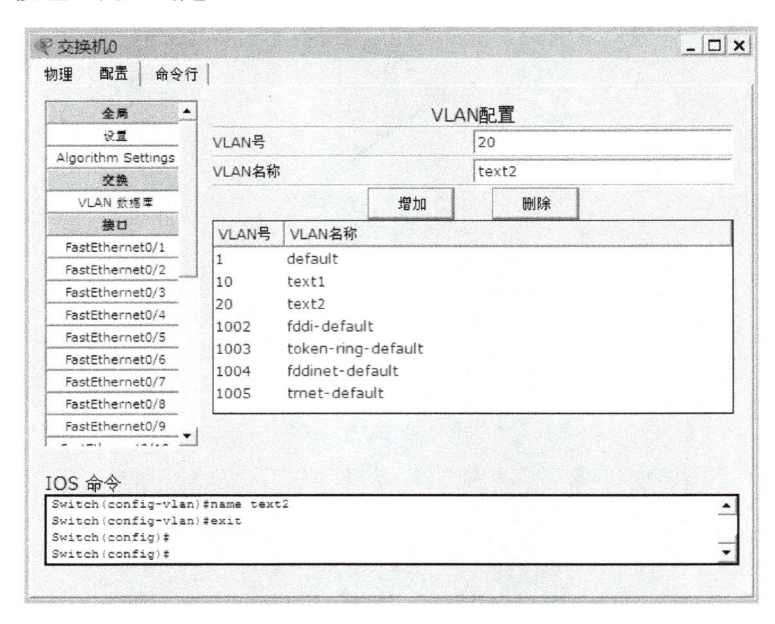

图 3-38　思科模拟器交换机接口图形配置界面

（4）将端口划归不同的 VLAN。选择接口 F0/5，接口模式默认为 access，VLAN 选择 10；选择接口 F0/15，接口模式默认为 access，VLAN 选择 20。这样便将 F0/5 端口划归虚拟局域网 VLAN 10，将 F0/15 端口划归虚拟局域网 VLAN 20，如图 3-39 和图 3-40 所示。

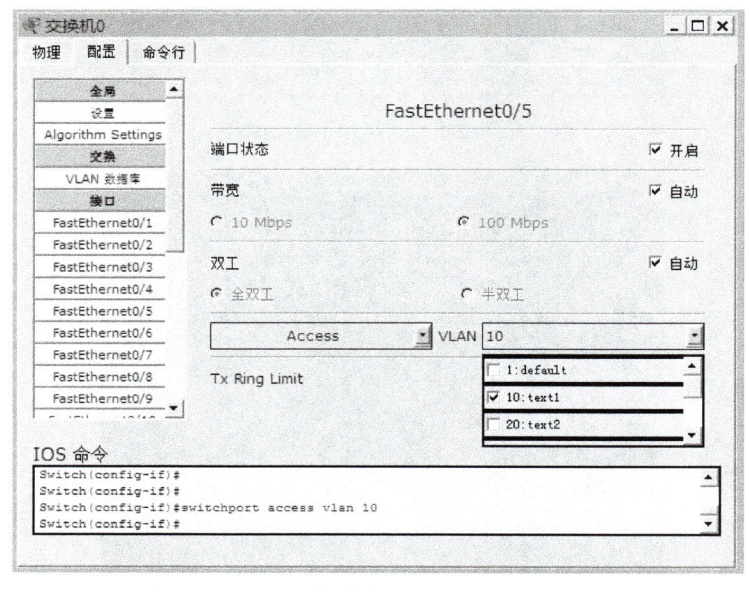

图 3-39　F0/5 端口划归 VLAN 10 图形界面

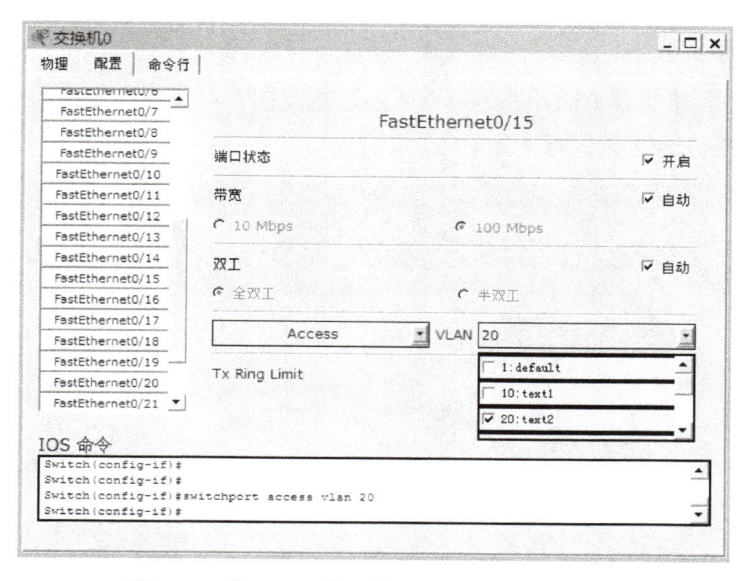

图 3-40　将 F0/15 端口划归 VLAN 20 图形界面

（5）通过任一台 PC 的命令提示符，用 ping 命令检测不同虚拟局域网的两台 PC 的连通性，如图 3-41 所示。

图 3-41　用 ping 命令检测网络连通性

实训任务四　跨交换机端口的 VLAN 划分

【实训目的】

1. 掌握跨交换机端口划分 VLAN 方法，实现同一 VLAN 中的计算机跨交换机通信；
2. 学会应用思科模拟器 Cisco Packet Tracer 命令行窗口进行功能配置。

【实训设备】

PC、思科模拟器 Cisco Packet Tracer。

【实训步骤】

(1) 应用思科模拟器 Cisco Packet Tracer, 按照图 3-42 所示拓扑图进行网络连接, 对 PC1、PC2、PC3 三台主机进行配置。

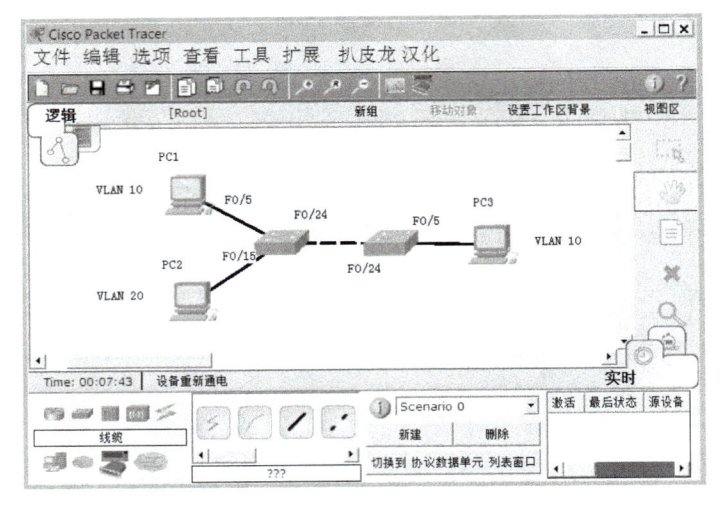

图 3-42 不同交换机 VLAN 划分

(2) 在交换机 Switch A 上创建 VLAN 10, 并将 F0/5 端口划归 VLAN 10。

Switch A#configure terminal	！进入全局配置模式
Switch A（**config**）#VLAN 10	！创建 VLAN 10
Switch A（**config-vlan**）#name sales	！将 VLAN 10 命名为 sales
Switch A（**config-vlan**）#exit	！返回全局配置模式
Switch A（**config**）#interface fastethernet 0/5	！进入端口配置模式
Switch A（**config-if**）#switchport access vlan 10	！将 F0/5 端口划归 VLAN 10

(3) 在交换机 Switch A 上创建 VLAN 20, 并将 F0/15 划归 VLAN 20。

Switch A（**config**）#VLAN 20	！创建 VLAN 20
Switch A（**config-vlan**）#name technical	！将 VLAN 20 命名为 technical
Switch A（**config-vlan**）#exit	！返回全局配置模式
Switch A（**config**）#interface fastethernet 0/15	！进入端口配置模式
Switch A（**config-if**）#switchport access vlan 20	！将 F0/15 端口划归 VLAN 20

(4) 将交换机 Switch A 与交换机 Switch B 相连的端口定义为 tag vlan 模式。

Switch A（**config**）#interface fastether 0/24	
Switch A（**config-if**）#switchport mode trunk	！将 F0/24 端口设置为 tag vlan 模式

(5) 在交换机 Switch B 上创建 VLAN 10, 并将 F0/5 端口划归 VLAN 10。

Switch B#configure terminal	！进入全局配置模式
Switch B（**config**）#VLAN 10	！创建 VLAN 10
Switch B（**config-vlan**）#name sales	！将 VLAN 10 命名为 sales

Switch B（config-vlan）#exit　　　　　　　　! 返回全局配置模式
Switch B（config）#interface fastethernet 0/5　　! 进入端口配置模式
Switch B（config-if）#switchport access vlan 10　! 将 F0/5 端口划归 VLAN 10

（6）把交换机 Switch B 与交换机 Switch A 相连的端口（端口 F0/24）定义为 tag vlan 模式。

Switch B（config）#interface fastether 0/24
Switch B（config-if）#switchport mode trunk　　! 将 F0/24 端口设置为 tag vlan 模式

（7）使用 ping 命令验证，PC1 与 PC3 能互相通信，但 PC2 与 PC3 不能互通。

实训任务五　路由器静态路由功能实现

【实训目的】

了解路由器静态路由协议，实现两个局域网互相通信。

【实训设备】

PC、思科模拟器 Cisco Packet Tracer。

【实训步骤】

1. 应用思科模拟器 Cisco Packet Tracer 进行物理连接，如图 3-43 所示，并设置 IP 地址。

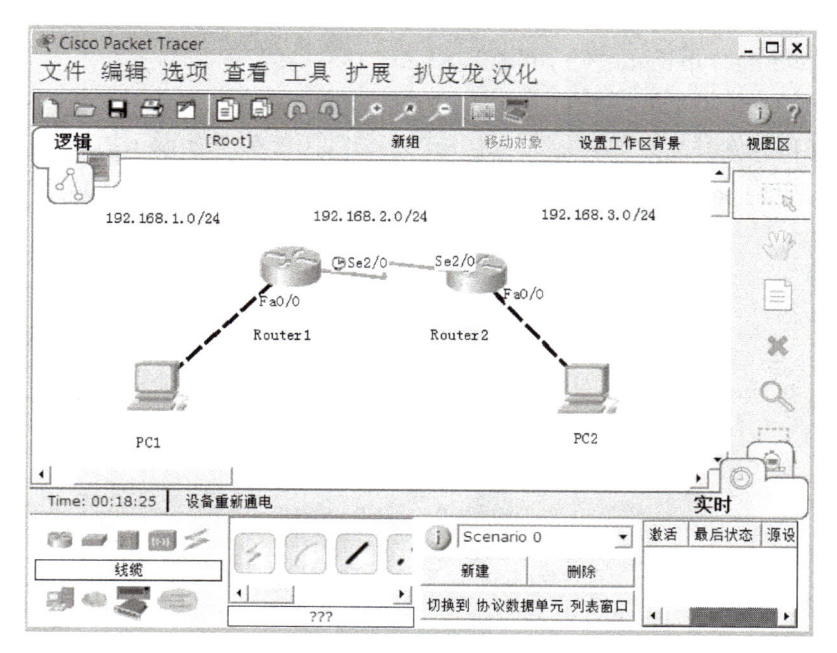

图 3-43　两个局域网的互联

PC1：192.168.1.2/24，默认网关：192.168.1.1。
PC2：192.168.3.2/24，默认网关：192.168.3.1。

（2）在路由器 Router1 上配置接口的 IP 地址和串口的时钟频率。

Router1(config)# interface fastethernet 0/0

Router1(config-if)# ip address 192.168.1.1 255.255.255.0

Router1(config-if)# no shutdown

Router1(config)# interface serial 2/0

Router1(config-if)# ip address 192.168.2.1 255.255.255.0

Router1(config-if)# clock rate 64000　　　　！配置 Router1 的时钟频率（DCE）

Router1(config)# no shutdown

（3）在路由器 Router2 上配置接口的 IP 地址。

Router2(config)# interface fastethernet 0/0

Router2(config-if)# ip address 192.168.3.1 255.255.255.0

Router2(config-if)# no shutdown

Router2(config)# interface serial 2/0

Router2(config-if)# ip address 192.168.2.2 255.255.255.0

Router2(config-if)# no shutdown

（4）在路由器 Router1 上配置静态路由。

Router1(config)# ip route 192.168.3.0 255.255.255.0 192.168.2.2

（5）在路由器 Router2 上配置静态路由。

Router2(config)# ip route 192.168.1.0 255.255.255.0 192.168.2.1

（6）测试网络的互联互通性。

C:\>ping 192.168.3.2　　　　　　　　　　！从 PC1 ping PC2

C:\>ping 192.168.1.2　　　　　　　　　　！从 PC2 ping PC1

思考与练习 3

一、填空题

1．局域网_____（英文缩写）一般是规模较小、计算机间的距离较近、覆盖地理范围较小的计算机网络。

2．局域网按媒体访问控制方式分类，可分为_____、_____、_____、_____等。

3．结构化综合布线系统可以划分为_____、_____、_____、_____、_____、_____和_____ 7 个子系统。

4．当交换机不支持 MDI/MDIX 时，交换机的普通口间级联采用的线缆为_____。

5．在 VLAN 技术中，常见的交换机端口模式有_____、_____。
6．交换机所有的端口在默认情况下属于_____端口。
7．VLAN 的编号可以自己选定，但最大编号是_____。
8．列出路由器的 4 个典型功能：_____、_____、_____、_____。
9．配置静态路由的命令为_____。
10．多台计算机共享一个公网 IP 地址时，要使用路由器的_____技术。

二、简答题

1．局域网有哪些特点？
2．在实际应用中，共享式局域网存在哪些问题？
3．配置交换机一般有哪几种方法？配置新的交换机时一般使用哪种方法？
4．交换机 VLAN 划分有什么作用？
5．路由器可以实现不同 VLAN 间的通信吗？

模块 4　Internet 接入与应用

　　Internet 中文名称为国际互联网或因特网。Internet 是集现代计算机技术、通信技术于一体的全球性计算机网络，它是将全世界不同国家、不同地区、不同部门和机构的不同类型的计算机和计算机网络（国家主干网、广域网、城域网、局域网等）连接在一起形成的一个全球性网络。但是仅把 Internet 看作一个计算机网络，甚至只是一群相互连接的计算机网络是不全面的，因为计算机网络只是简单的传播信息的载体，Internet 的优越性和实用性在于信息本身，它实际上是一个庞大的、实用的、可共享的信息源。

　　从通信的角度来看，Internet 是一个理想的信息交流媒介：利用 Internet 的 E-mail 等软件能够快捷、安全、高效地传递文字、声音、图像及各种各样的信息；通过 Internet 可以打国际长途电话，甚至传送国际可视电话，召开在线视频会议。

　　从获得信息的角度来看，Internet 是一个庞大的信息资源库：网络上有几百个书库，有近百万种杂志和期刊，以及政府、学校和公司企业等机构的详细信息等。

　　从娱乐休闲的角度来看，Internet 是一个花样众多的娱乐厅：网络上有很多专门的电影站点和广播站点，通过网络直播还可以遍览全球各地的风景名胜和乡俗人情，QQ、微信及网上的 BBS 更是一个聊天交友的好方式。

　　从商业的角度来看，Internet 是一个既能省钱又能赚钱的场所：在 Internet 上已经注册有数万家公司；利用 Internet，人们足不出户就可以得到各种免费的经济信息，还可以将生意做到世界各地；无论股票证券行情，还是房地产，在网上都有实时跟踪；通过网络还可以图文并茂地召开订货会、新产品发布会，做广告、搞推销等。

　　用户只要把自己的计算机连接到与 Internet 互联的任何一个网络，或者与 Internet 上的任何一台服务器连接，就可以进入 Internet。在 Internet 上，使用者的地位是平等的，用户不仅是信息资源的使用者，也是信息资源的提供者。

　　随着用户的急剧增加，Internet 的规模迅速扩大，其应用领域也走向多元化，除了科技和教育外，文化、政治、经济、新闻、体育、娱乐、商业及服务也都加入 Internet。由于网上商业应用的高速发展和面向社会公众的普及性应用的开发，使 Internet 迅速普及和发展。移动互联网的发展尤其迅猛。展望未来，5G 技术普及之后，互联网应用会有更为广阔的前景。

4.1 Internet 接入

计算机只有接入 Internet 才能更充分地发挥作用，享受网络中无穷无尽的资源。Internet 的接入方式主要有以下几种。

（1）通过电话线拨号上网

电话拨号上网是 20 世纪 90 年代初期人们常用的一种接入互联网的方法，是指通过电话线将计算机连接到 Internet。电话拨号上网需要的设备比较简单，一台计算机、一根电话线、一个调制解调器（MODEM）即可，如图 4-1 所示。这种接入方式是计算机通过调制解调器拨号接入公共交换电话网 PSTN，PSTN 为接入控制设备分配一个号码，从而实现接入 Internet。电信早期拨号是 163，后来改为 16300；联通早期拨号是 169，后来改为 16900。电话拨号上网的接入网速很慢，上行速率为 33.6Kbps，下行速率为 56Kbps，现在已经很少有人使用。

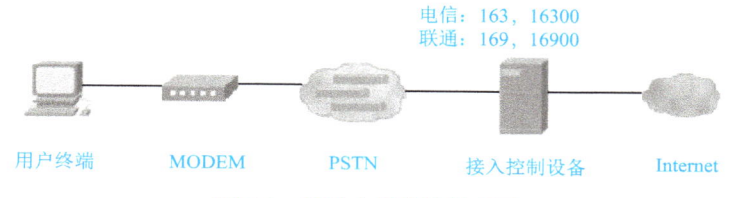

图 4-1　通过电话线拨号上网

（2）ADSL 接入

20 世纪 90 年代末期，出现了一种新的接入技术，叫作 ADSL（Asymetric Digital Subscriber Loop，非对称数字用户环路）接入技术。这种技术利用现有的电话线，只需在线路两端加装 ADSL 设备，即可为用户提供高速数据传输服务，如图 4-2 所示。它的传输速率最高可达下行 8Mbps、上行 1Mbps。ADSL 接入方式曾一度成为最流行的接入方式，目前仍然有使用。

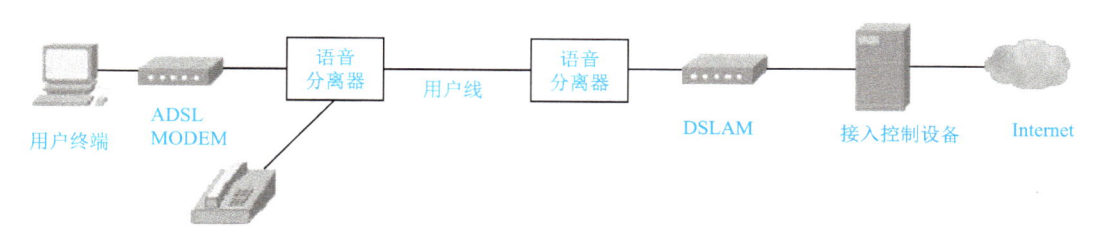

图 4-2　ADSL 接入方式

（3）以太网接入

20 世纪 90 年代末，和 ADSL 接入技术同时出现的还有一种接入技术，叫作以太网接入技术。这种接入方式的接入网是以太网，终端计算机通过以太网接入控制设备，接入速率是 10～100Mbps，是目前最流行的接入方式，如图 4-3 所示。

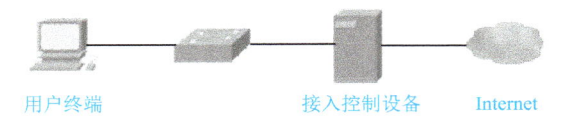

图 4-3　以太网接入方式

（4）无线路由器将家庭局域网接入 Internet

21 世纪初期开始，通过无线路由器接入以太网成为很常见的接入方式，这种方式解决了家庭中移动终端接入因特网的问题，如图 4-4 所示。目前，一个家庭不单有台式机，还有笔记本电脑、智能手机等智能终端，它们都需要接入 Internet。

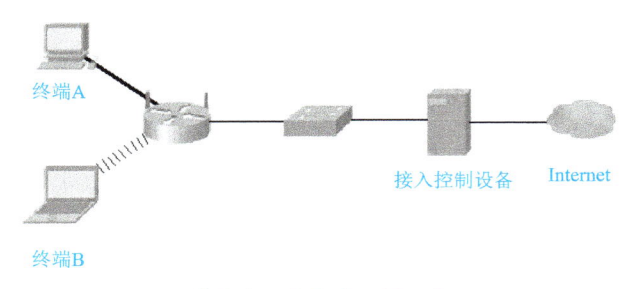

图 4-4　无线路由器将家庭局域网接入 Internet

4.2　Internet 网络服务

Internet 是一个涵盖极广的信息库，也是一个覆盖全球的信息枢纽中心，通过它可以了解来自世界各地的信息，收发电子邮件，和朋友聊天，进行网上购物，观看影片、网络直播，阅读网上杂志，还可以聆听音乐会等，这些丰富多彩的网络功能可以简单概括为以下几个方面。

4.2.1　Web 服务

World Wide Web（简称 WWW 或 Web，也称万维网），是一种基于超文本方式的、组织和管理信息浏览或交互式信息检索的系统。Web 是 Internet、超文本和超媒体技术相结合的产物，最初是欧洲核子物理研究中心（The European Laboratory for Particle Physics）开发的。Web 最主要的两项功能是读取超文本（Hypertext）文件和访问 Internet 资源。

超文本（Hypertext）是一种人机界面友好的计算机文本显示技术，可以含有指向其他 Web 页或其本身内部特定位置的链接。超媒体（Hypermedia）是将图像、声音等信息嵌入文本的技术，它以超文本方式将 Internet 上不同地址的信息有机地组织在一起，提供世界范围内的多媒体信息服务。HTTP 是超文本传输协议，默认 TCP 服务端口是 80。HTTPS 是以安全为目标的 HTTP 通道，简单讲是 HTTP 协议的安全版，默认 TCP 服务端口是 443。

同 Internet 上其他许多服务一样，Web 使用客户机/服务器模式。客户端使用的程序叫作浏览器。从 Web 的观点来看，网络上的每样东西，要么是文档，要么是链接。所以，浏览器的基本任务就是读文档和跟随链接。浏览器懂得怎样访问 Internet 上的资源和每一项服务。浏览器最重要的功能是它懂得怎样连接到 Web 服务器上，因为实际的搜索是由 Web 服务器来完成的。

目前，常用的 Web 浏览器软件有 Internet Explorer、谷歌浏览器、火狐、360 浏览器、百度浏览器、腾讯浏览器等。用户只要在 Web 浏览器地址栏中输入所需要的网站地址，就可以迅速而有效地从 Internet 中获取所需的文本、图像、影视或声音等信息。

统一资源定位器，又叫 URL（Uniform Resource Locator），是专为标识 Internet 上资源位置而设定的一种编址方式，平时所说的网页地址指的就是 URL，它一般由三部分组成：

传输协议://主机 IP 地址或域名地址:端口号/资源所在路径和文件名

如 http://www.people.com.cn:80/index.html，就是人民网的主页 URL，因 HTTP 协议的默认端口号是 80，此网站默认主页文档是 index.html，浏览器默认识别 http://www.people.com.cn，如图 4-5 所示。

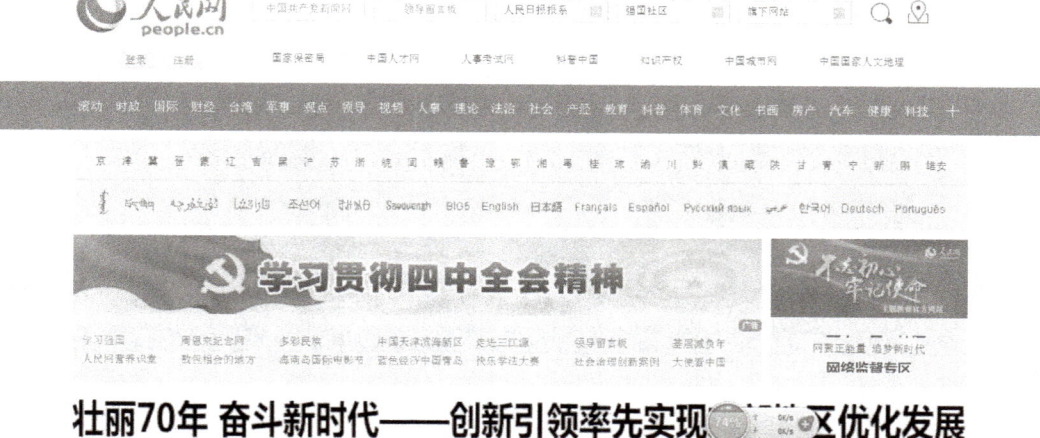

图 4-5 人民网的主页

4.2.2 文件传输服务

文件传输协议（File Transfer Protocol，FTP），指具有不同操作系统和不同体系结构的计算机相互之间，只要通过一个统一的文件传输协议进行规范，就可以传输文件（如软件、文档、视频等）。

FTP 服务解决了文件的远程传输问题，只要两台计算机都加入互联网并且都支持 FTP 协议，它们之间就可以进行文件传送，FTP 默认的 TCP 服务端口是 21。

FTP 实质上是一种实时的联机服务。用户登录到目的服务器上就可以在服务器目录中寻找所需文件，FTP 几乎可以传送任何类型的文件，如文本文件、二进制文件、图像文件、声音文件等。访问 FTP 服务器有两种方式：一种访问方式是注册用户登录到服务器系统，另一种访问方式是匿名（anonymous）进入服务器。一般的 FTP 服务器都支持匿名登录，用户在登录到这些服务器时无须事先注册用户名和密码，就可以访问该 FTP 服务器。

当用户需要使用文件传输服务时，可以利用文件传输客户端软件登录 FTP 服务器，目前 LeapFTP、FlashFXP、CuteFTP 都是比较出色的 FTP 客户端软件。在 Windows 资源管理器地址栏输入 FTP 服务器地址也可以访问 FTP 服务器，如图 4-6 所示。

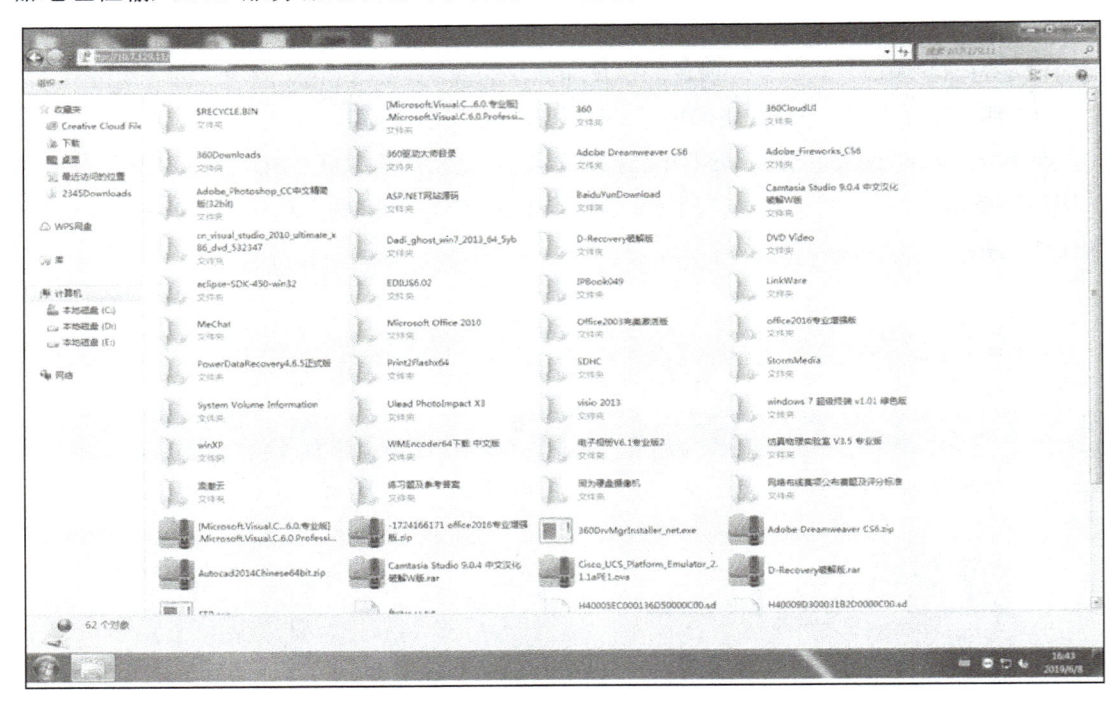

图 4-6　输入地址访问 FTP 服务器

4.2.3　电子邮件服务

电子邮件（E-mail）是 Internet 上使用最广泛和最受欢迎的服务之一，它是网络用户之间进行快速、简便、可靠且低成本联络的现代通信手段。

电子邮件使网络用户能够发送和接收文字、图像及语音等多种形式的信息。使用电子邮件的前提是拥有自己的电子信箱，即 E-mail 地址，实际上就是在邮件服务器上建立一个用于存储邮件的磁盘空间。E-mail 地址目前可以在网上申请注册，并且大部分申请都是免费的。Internet 统一使用 DNS 来编定地址信息，因而 Internet 中所有的地址都具有同样的格式，即用户名@邮件服务器的域名，如 jnxxwlzx@126.com，符号@读作 at，意为"在"。一般每个提供电子邮件服务的网站都有自己的 SMTP 和 POP 服务器地址，SMTP（Simple Mail Transfer Protocol）是简易邮件传输通信协议，是负责邮件服务器与邮件服务器之间寄信的通信协议；POP（Post Office Protocol）是邮局通信协议，是负责邮件程序和邮件服务器收信的通信协议。

应用电子邮件服务的流程如下。

（1）申请电子邮箱

要在 Internet 中使用电子邮件服务，必须先申请注册一个自己的电子邮箱。电子邮箱分为收费和免费两种：收费邮箱一般空间较大，可以发送较大附件；免费邮箱则空间较小。具体的邮箱大小由各网站而定，申请时可自行选择适合的网站。

申请电子邮箱的操作方法如下。

- 登录要注册电子邮箱的网站。例如，想注册 126 网易免费邮箱，可在浏览器窗口的地址栏中输入该网站的网址 https://www.126.com，并按回车键，即可进入该网站，如图 4-7 所示。

图 4-7　登录要注册电子邮箱的网站

- 单击页面中的"注册新账号"字样，进入邮箱申请注册页面，如图 4-8 所示。
- 选择同意服务条款，输入个人信息（包括用户名、密码、手机号等，其内容多少由网站设置而定），并发送短信验证信息。
- 单击"已发送短信验证，立即注册"字样，如申请成功，将显示注册成功。

图 4-8　邮箱申请注册页面

（2）电子邮件的收发
- 登录申请电子邮箱的网站 https://126.com。
- 单击网页上的计算机图标，进入邮箱登录页面。
- 输入邮箱的用户名和密码（注册时自行设定），单击"登录"或"确定"字样，打开个人邮箱，如图 4-9 所示。

图 4-9　登录电子邮箱

- 在邮箱主界面，单击"收件箱"字样，可查看邮箱中接收到的邮件。

在邮件列表中单击某邮件，即可打开该邮件，查看邮件内容。如果邮件带有"附件"，则该邮件名旁边将显示一个附件标识。单击附件可以将其下载保存。打开某邮件后，如想将该邮件发件人的邮箱地址保存下来，可单击"保存到地址簿"字样，以便于以后向该发件人发送邮件。

- 发送邮件。

a．在邮箱主界面单击"写信"或"发邮件"字样，进入邮件撰写界面。

b．在"收件人"栏中，输入收件人的完整邮箱地址。如需将邮件同时发送给多人，可输入多个收件人邮箱名，其间用"；"或"，"分隔。

c．在"主题"栏中输入邮件的标题，该标题将显示在接收者的邮件列表中，以方便收件人了解邮件的性质。

d．在"正文"栏中以信函格式（包括对收件人的称呼、正文、落款等）输入邮件的内容。邮件内容不宜过多，如需要撰写大量文本，可在记事本或 Word 文本中编辑保存后，添加为邮件的附件随邮件发出。

e．单击"发信"字样将邮件发出。

邮件若正常发出，将提示"发送成功"的字样。若邮件在发送过程中出现问题而不能发送到接收端，系统将以邮件形式告知出错的原因。

- 关闭邮箱。

在邮箱界面，单击"退出"字样，退出并关闭邮箱。

4.2.4 域名系统

（1）域名

Internet 上的计算设备或主机，都通过具有唯一性的网络地址来标识自己，就像每个人都有自己的居住地址一样。Internet 上的网络地址有两种表示形式：IP 地址和域名。因数字式 IP 地址不直观、难以理解，因此，人们使用一组简短的用英文（称为域名，Domain Name）来表示每一台主机。域名是由圆点分隔开的一串单词或单词的缩写组成的。例如：中国互联网络信息中心的 IP 是 218.241.97.41，域名为 www.cnnic.net.cn。但域名与 IP 地址并不是一一对应的，即一个 IP 地址可以有多个域名，这是由于有些计算机可能提供多个服务，为了便于用户使用，根据提供的不同服务而有多个特定意义的域名。

（2）域名结构

域名的层次结构类似于一个倒立的树形结构，其结构一般为：…….三级域名.二级域名.顶级域名。

例如，在 www.cnnic.net.cn 中，.cn 是域名的第一层，为顶级域名；.net 是域名的第二层，为二级域名；.cnnic 是真正的域名，处于第三层。当然还可以有第四层，如 inner.cnnic.net.cn。

域名对字符数量有限制，最长不能超过 63 个字符，路径全名不得超过 255 个字符，在书写时不需要区分大小写。级别最低的域名写在最左边，级别最高的域名则写在最右边。域名系统不规定一个域名需要包含多少个下级域名，也不规定每一级的域名代表什么意思，也不能反映出计算机所在的物理地点。

顶级域名由 Internet 网络协会中负责网络地址分配的委员会进行登记和管理，它还为 Internet 的每一台主机分配唯一的 IP 地址。全世界现有三个大的网络信息中心：位于美国的 Intel NIC，负责美国及其他美洲地区的网络地址的登记与管理工作；位于荷兰的 RIPE NIC，负责欧洲地区的网络地址的登记与管理工作；位于日本的 APNIC，负责亚太地区网络地址的登记与管理工作。

目前因特网上的域名体系中共有三类顶级域名：一是地理顶级域名，共有243个国家和地区的代码，如.CN代表中国，.JP代表日本，.CA代表加拿大；二是类别顶级域名，见表4-1；三是新增加的顶级域名，见表4-2。

表4-1　Internet类别顶级域名表

域　名	含　义	域　名	含　义
com	商业机构	net	网络机构
edu	教育机构	org	非商业机构
gov	政府部门	arpa	临时ARPAnet域
mil	军事部门	int	国际组织

表4-2　Internet新增加的顶级域名表

域　名	含　义	域　名	含　义
oop	合作公司	pro	专业人士
info	信息行业	museum	博物馆行业
aero	航空业	name	个人

（3）中国的域名体系

除了顶级域名，各个国家有权决定如何进一步划分域名。中国互联网络的二级域名分为"类别域名"和"行政域名"两类。"类别域名"表示各单位的组织机构，例如：edu.cn表示教育机构，全国各单位都可作为三级域名登记在相应的二级域名下。"行政域名"使用四个直辖市和各省（自治区）的英文名称缩写，例如：bj.cn表示北京，各直辖市、省（自治区）所属单位可以在其下建立三级域名。

（4）DNS

每一个域名都对应一个唯一的IP地址，在通信时必须将其映射成能直接用于TCP/IP协议通信的数字型IP地址，这个将主机域名映射为IP地址的过程叫作域名解析。域名解析是由域名管理系统（Domain Name System，DNS）来完成的。DNS实际上是运行在指定主机上的软件，能够完成从域名到IP地址的映射，DNS协议运行在UDP协议之上，使用的端口号为53。

4.3　认识Intranet

Intranet又称为企业内部网，它实际上是采用Internet技术建立的企业内部网络。Intranet的基本思想是：在内部网络上采用TCP/IP作为通信协议，利用Internet的Web模型作为标准信息平台，同时建立防火墙把内部网和Internet分开。当然Intranet并非一定要和Internet

连接在一起，它完全可以自成一体作为一个独立的网络。

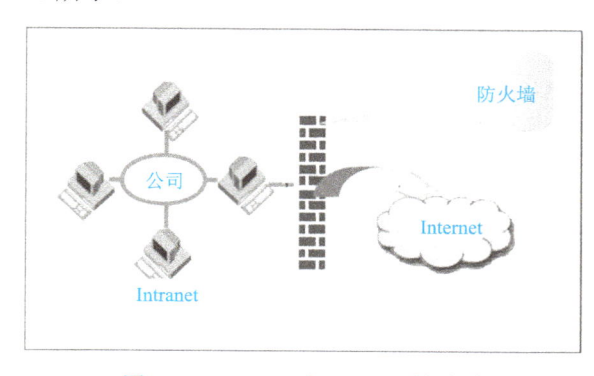

Intranet 与 Internet 采用同样的技术，均使用 TCP/IP 协议族，所有设计在 Internet 上的网络应用都可以在 Intranet 上运行。从应用的角度来看，Intranet 利用了 Internet 技术，如 WWW、电子邮件、FTP 与 Telnet 等，是 Internet 在企业内部信息系统的应用和延伸。可以这样说，Internet 是面向全球的网络，而 Intranet 是 Internet 技术在企业机构内部的实现，它能够以极少的成本和时间将一个企业内部的大量信息资源高效合理地传递到每个人。

Internet 连接了全球各地的网络，是公用网络，允许任何人从任何一个站点访问它的资源。但 Intranet 是一种企业内部的计算机信息网络，是专用或私有的网络，对其访问具有一定的权限；其内部信息必须严格加以维护，因此对网络安全性有特别高的要求，如必须通过防火墙与 Internet 连接，而 Intranet 也只有与 Internet 互联才能真正发挥作用。Intranet 与 Internet 的关系如图 4-10 所示。

图 4-10　Intranet 与 Internet 的关系

Intranet 为企业提供了一种能充分利用通信线路、经济而有效地建立企业内联网的方案，应用 Intranet，企业可以有效地进行财务管理、供应链管理、进销存管理、客户关系管理等。

Intranet 可实现的功能极为广泛和强大，主要有：
- 企业员工可以方便快速地应用电子邮件来传递信息，降低通信费用；
- 利用 Web 电子发布企业各种信息，供企业内部或指定客户使用；
- 在 Web 上开展电子贸易，可进行全球范围内的产品展览、销售的信息服务等；
- 远程用户登录，企业分支机构可以通过电话线路访问总部的信息；
- 远程信息传送，将企业总部的信息传送到用户的工作站上进行处理；
- 企业管理信息系统（MIS）应用，如一般的人事、财务管理系统；
- 企业无纸化办公；
- 通过与 Internet 相连，进行全球范围的通信及视频会议；
- 新闻组讨论，企业员工可就某一事件通过网络进行深入讨论且自动记录在服务器中。

过去，只有少数大公司才拥有自己的企业专用网，现在不同了，借助于 Internet 技术，各个中小型企业都有机会建立起适合自己规模的内联的企业内部网。企业关注 Intranet 的原因是，它只为一个企业内部专有，外部用户不能通过 Internet 对它进行访问，这样公开的信息和必须保密的信息相分离，既能使别人知道你的存在，又可使内部机密不被泄露。

4.4 Internet 接入与应用实训项目

实训任务一 个人计算机通过 ADSL 接入 Internet

【实训目的】

1．认识 ADSL 调制解调器；
2．能正确连接设备并建立 ADSL 连接。

【实训设备】

ADSL 调制解调器、语音分离器、10/100Mbps 自适应网卡、RJ-11 接头的电话、RJ-45 接头的直连线。

【实训步骤】

（1）认识 ADSL 调制解调器（如图 4-11 所示）与语音分离器（如图 4-12 所示）。

图 4-11　ADSL 调制解调器

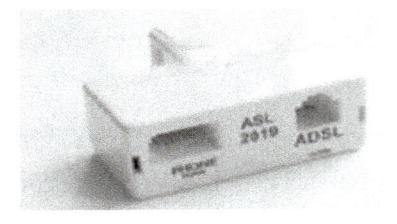

图 4-12　ADSL 语音分离器

（2）根据图 4-13 所示，进行正确连接。

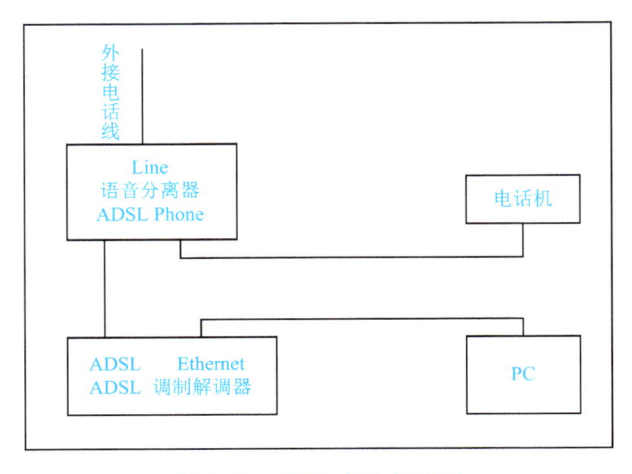

图 4-13　ADSL 接入接线图

（3）建立 ADSL 网络连接。Windows 7 系统一般默认已安装宽带连接，选择"开始→控制面板→打开网络和共享中心→更改适配器配置→宽带连接"选项，进入"连接 宽带连接"窗口，输入服务商提供的用户名、密码，然后一般选择为任何使用此计算机的人保存用户名和密码，单击"连接"按钮，如图 4-14 所示，网络会自动获取一个 IP 地址。

图 4-14　ADSL 连接宽带窗口

（4）启动浏览器，浏览网页，进行上网测试。

实训任务二　无线路由器接入 Internet

【实训目的】

学会家庭局域网通过无线路由器共享上网配置。

【实训设备】

安装 Cisco Packet Tracer 的计算机。

【实训步骤】

（1）打开 Cisco Packet Tracer，按如图 4-15 所示添加设备，进行设备连接。

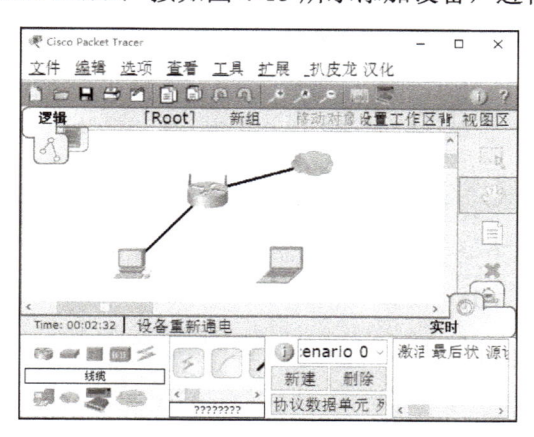

图 4-15　构建家庭局域网

（2）单击路由器，显示如图 4-16 所示物理图形窗口

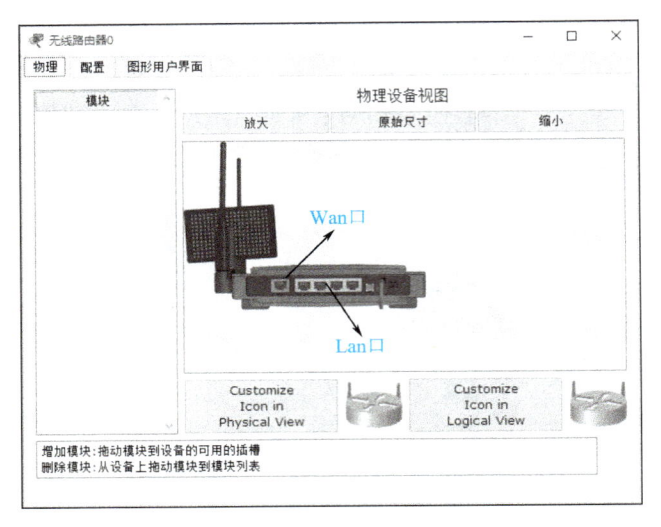

图 4-16　无线路由器物理图形窗口

（3）选择"配置"窗口，单击"互联网"选项，显示接入 Internet 的三种方式：①DHCP 自动获取 IP 地址；②Static 输入静态地址；③PPPoE 输入 ADSL 用户名和密码，如图 4-17 所示。

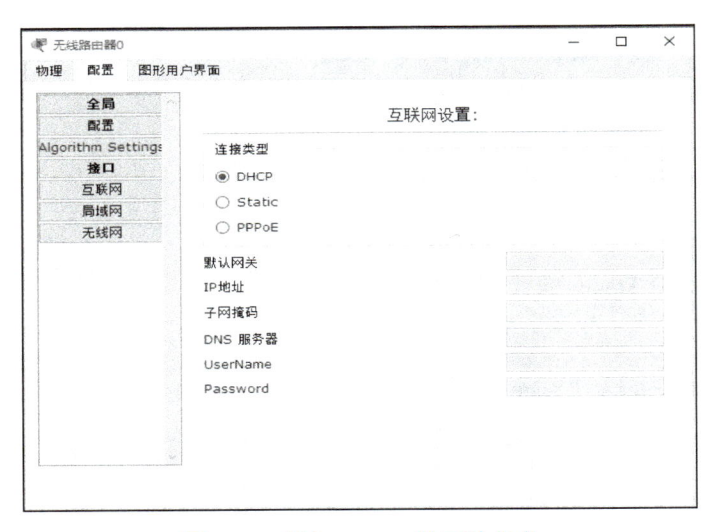

图 4-17　接入 Internet 的三种方式

（4）单击主机 PC，选择"桌面"窗口，单击"IP 配置"选项，选择"DHCP"，由于路由器一般默认开启 DHCP 自动分配 IP 地址功能，因此主机 PC 能自动获取 IP 地址、子网掩码及默认网关，如图 4-18 所示。

图 4-18　DHCP 获取 IP 地址

（5）关闭 IP 配置，打开 Web 浏览器，在 URL 地址栏输入路由器默认局域网地址 192.168.0.1 并回车，如图 4-19 所示。

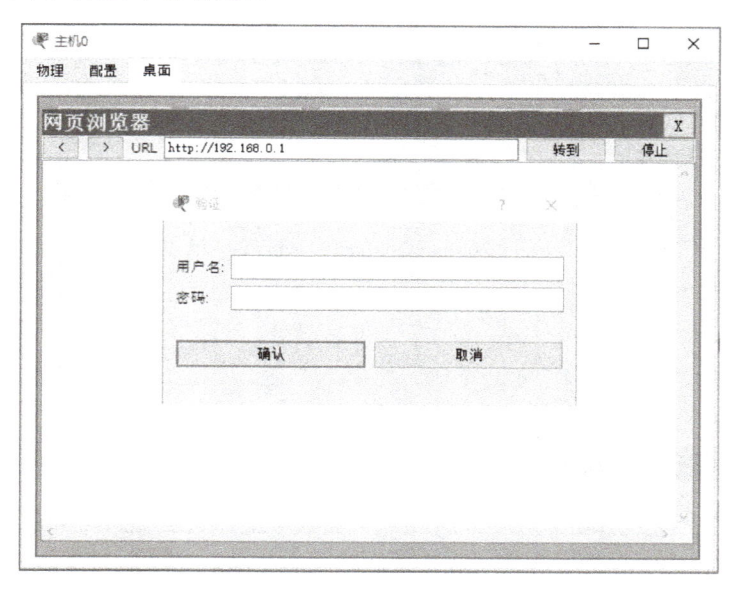

图 4-19　Web 方式登录无线路由器

（6）输入默认用户名和密码（均为 admin），单击"确认"按钮，进入路由器配置界面，如图 4-20 所示。

（7）选择 Internet 设置，在三种 Internet 接入方式中选择家庭上网最流行的 ADSL 接入方式对应的 PPPoE，如图 4-21 所示，输入从网络服务商那里获取的 ADSL 认证账号、密码。

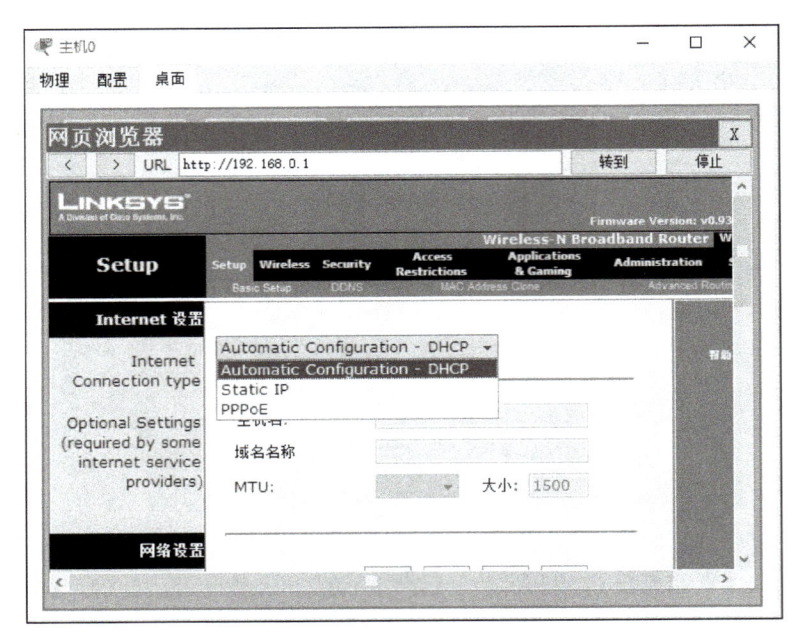

图 4-20　路由器配置界面

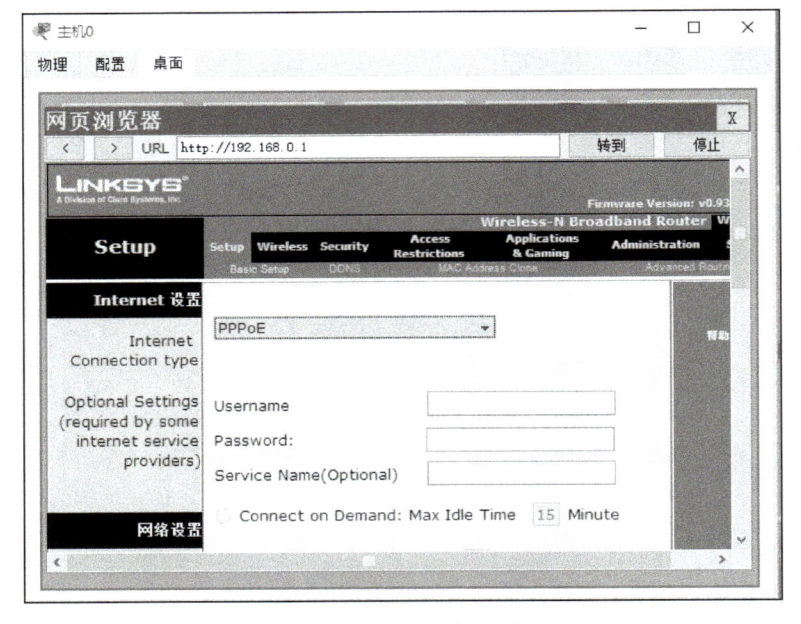

图 4-21　ADSL 联网配置

（8）滑动浏览器竖向滑动条，在底部显示局域网配置界面，一般默认开启 DHCP，输入能上网的域名服务器地址 DNS，如图 4-22 所示。

（9）单击"Wireless"进行无线配置，"网络名称（SSID）"可以自行更改，这里选择默认"Default"，如图 4-23 所示，其他配置不变，保存设置。

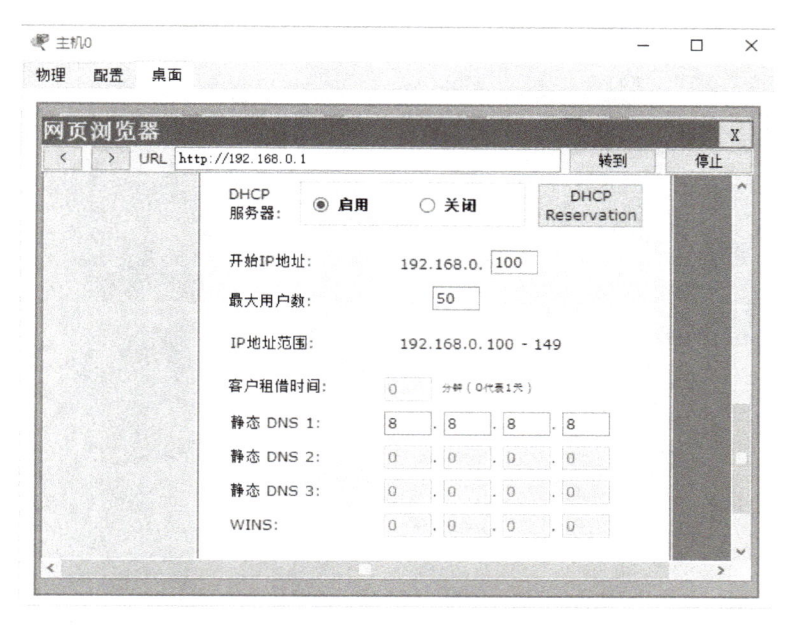

图 4-22　DNS 配置

图 4-23　WiFi 基本配置

（10）单击"Wireless Security"进行无线安全设置，默认是"Disabled"，即无线网络处于开放状态，不用认证即可连接，如图 4-24 所示。

（11）单击下拉箭头，如图 4-25 所示，一般均选择"WPA2 Personal"模式认证。

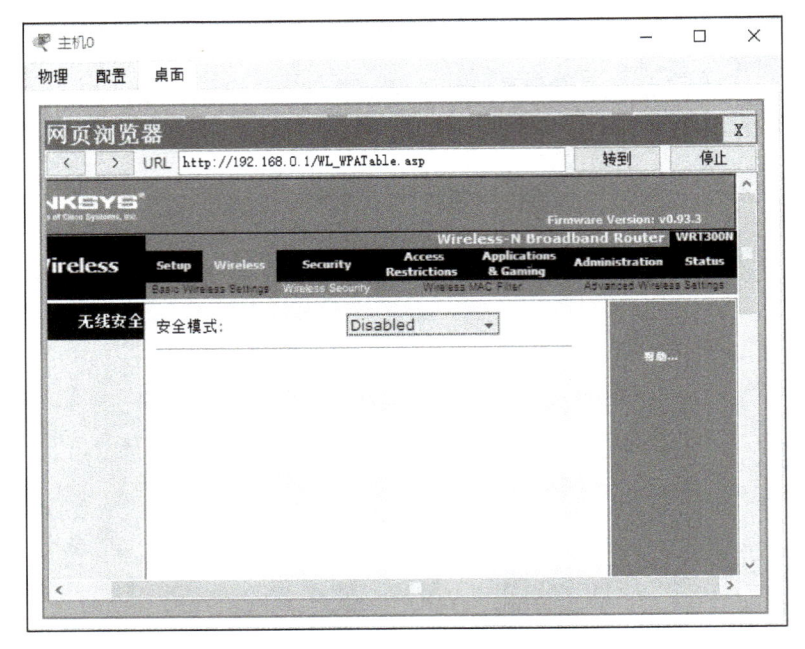

图 4-24　WiFi 安全配置

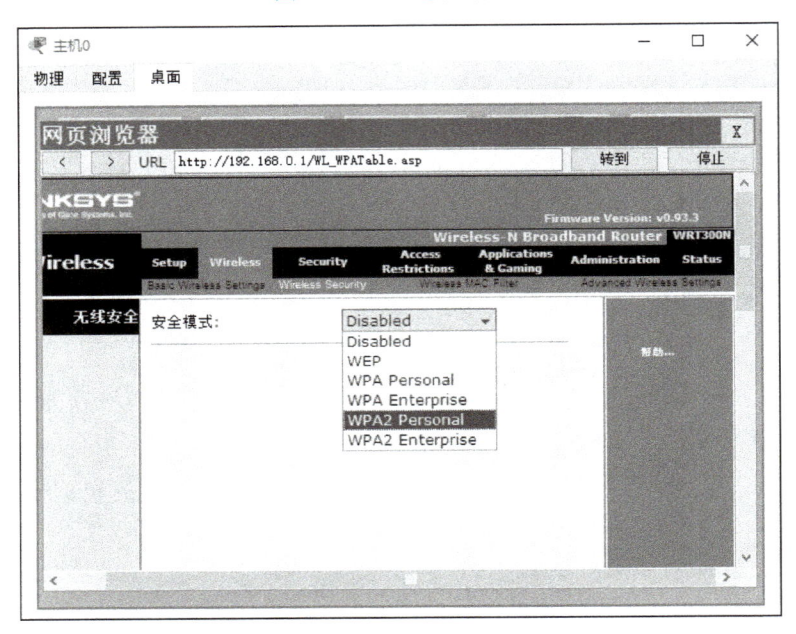

图 4-25　选择路由器安全认证方式

（12）如图 4-26 所示，输入密码，如"12345678"，然后保存设置。

（13）单击笔记本电脑，显示物理视图，关闭电源更换有线网卡为无线网卡，然后打开电源，如图 4-27 所示。

图 4-26　设置 WiFi 认证密码

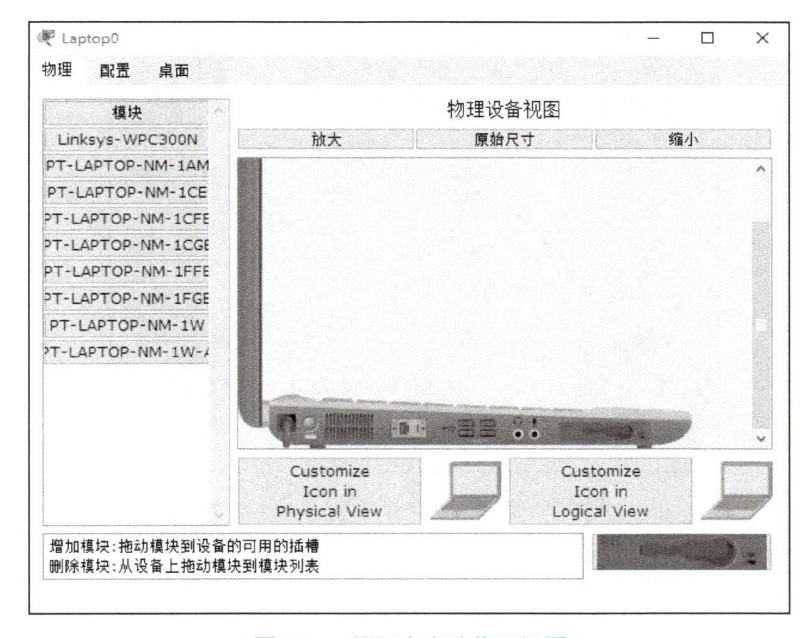

图 4-27　笔记本电脑物理视图

（14）选择"配置"视图，单击"Wireless"，进行无线配置，输入和无线路由器相同的 SSID，这里取默认的"Default"，认证方式选择"WPA2-PSK"，输入在路由器设置的无线认证密码"12345678"，如图 4-28 所示。

（15）笔记本电脑通过认证和无线路由器相连，此时即可连接互联网，如图 4-29 所示。

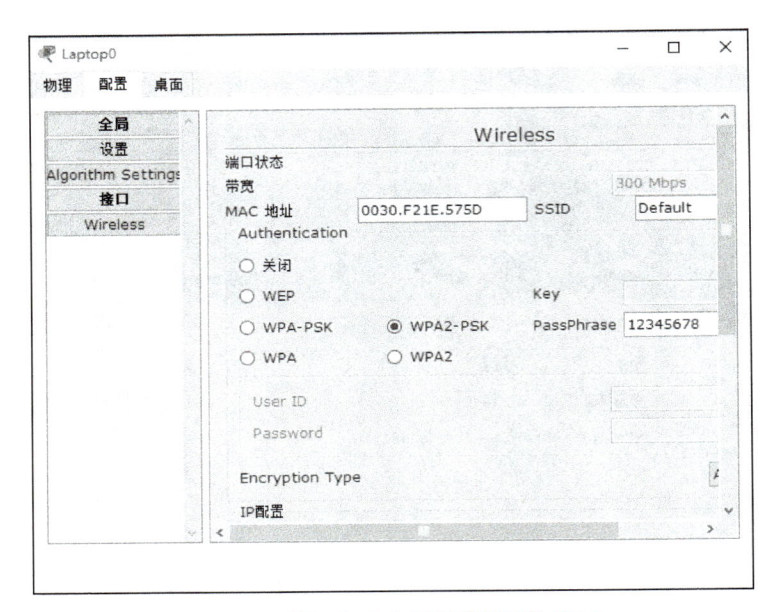

图 4-28　笔记本电脑设置无线连接认证

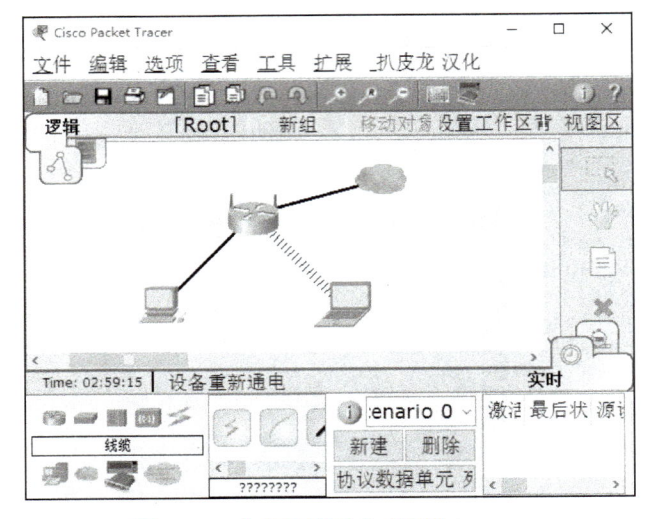

图 4-29　家庭局域网成功连接 Internet

实训任务三　应用 Cisco Packet Tracer 模拟体验网络服务

【实训目的】

应用 Cisco Packet Tracer 模拟体验网络服务。

【实训设备】

安装了 Cisco Packet Tracer 的计算机。

【实训步骤】

（1）打开模拟程序 Cisco Packet Tracer，添加一台服务器和一台计算机，用交叉线连接服务器和主机的网卡接口,这样就搭建了一个双机直连的小型局域网,如图 4-30 所示。

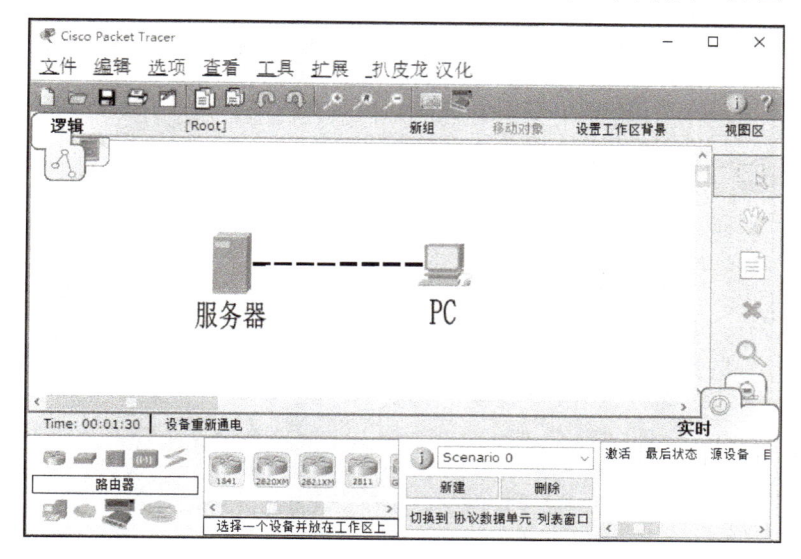

图 4-30　构建最简单的网络

(2) 单击"服务器",显示如图 4-31 所示界面,这是服务器的物理设备视图。

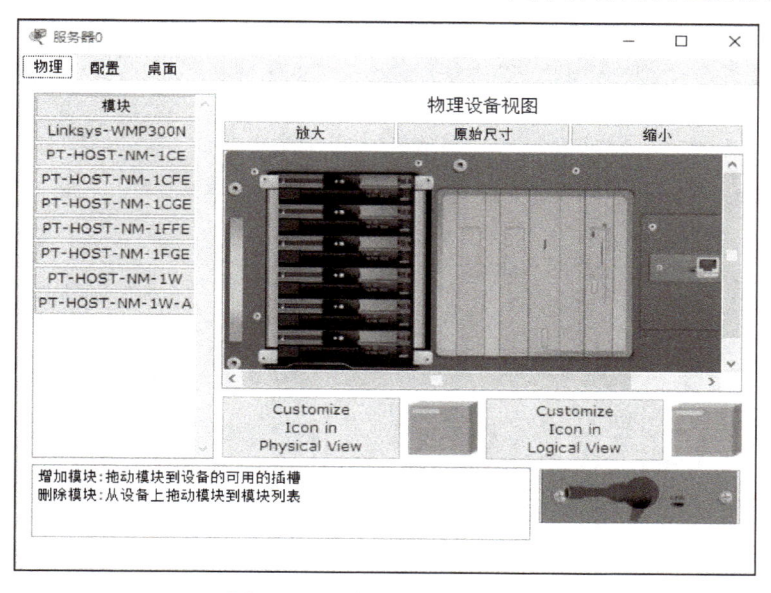

图 4-31　服务器物理设备视图

(3) 单击"桌面",为服务器设置 IP 地址、子网掩码及默认网关,如图 4-32 所示。

(4) 用同样的方法为主机 PC 设置 IP 地址、子网掩码、默认网关、DNS 服务器,如图 4-33 所示。

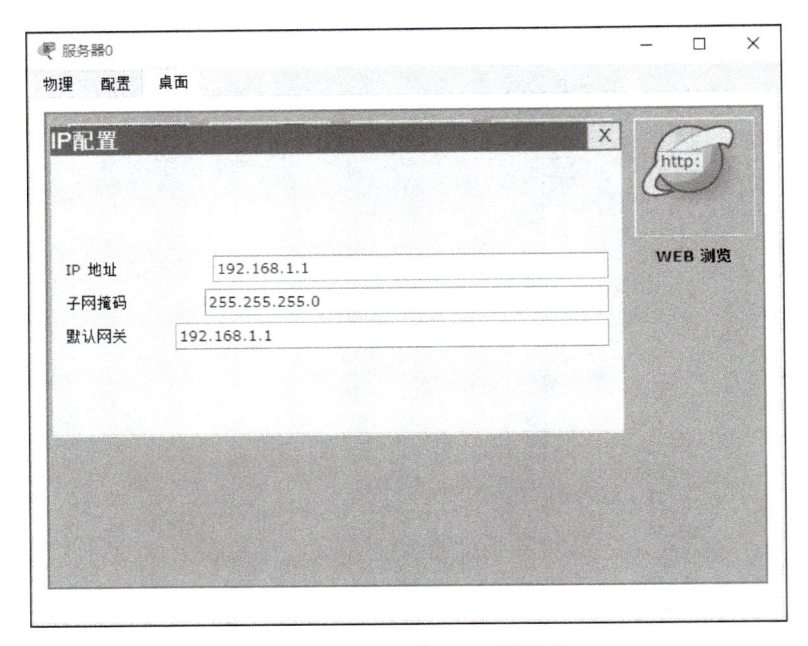

图 4-32　设置服务器 IP 等信息

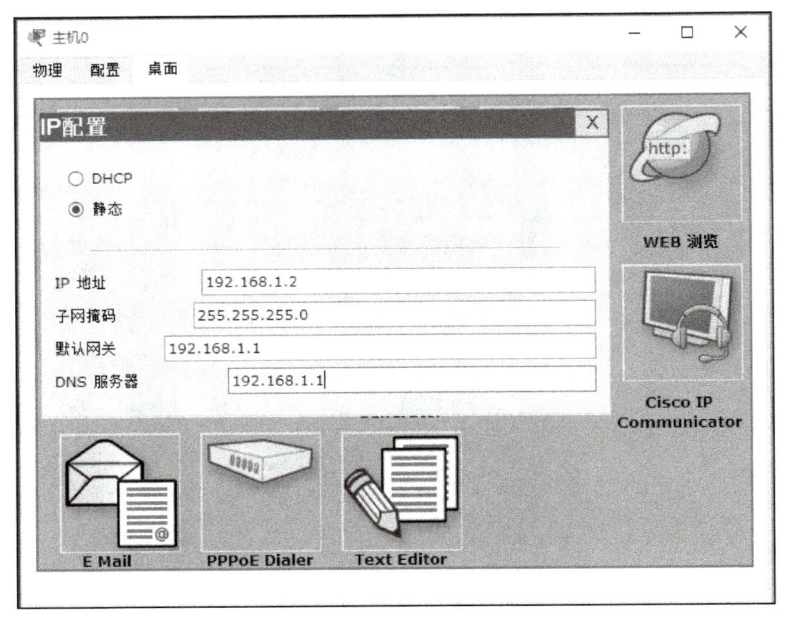

图 4-33　设置主机 IP 等信息

（5）单击"服务器"，选择"配置"窗口，单击"HTTP"服务，如图 4-34 所示，右边显示开启 HTTP 服务和 HTTPS 服务，分别默认打开服务器 80 端口和 443 端口，Web 主页 index.html 显示可编辑 HTML 网页代码。

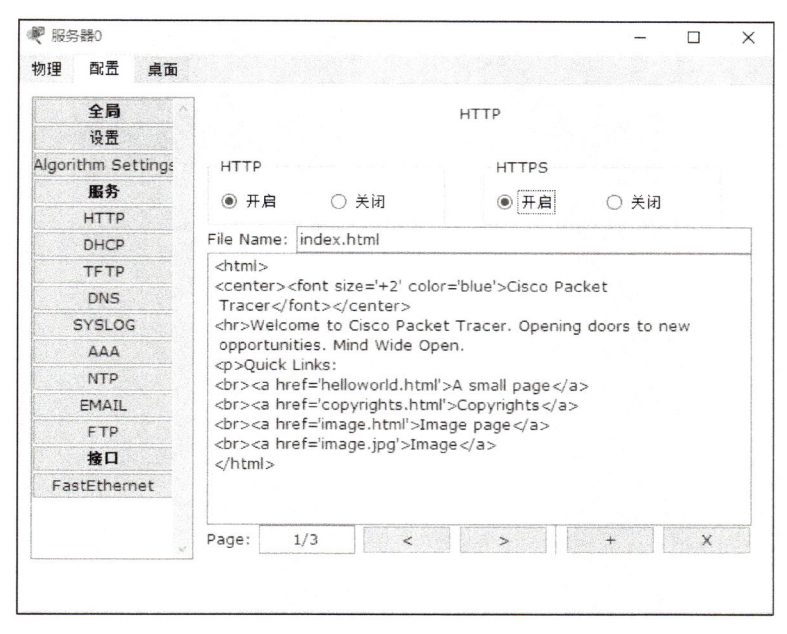

图 4-34　开启 Web 服务

（6）单击主机"PC"，选择"桌面"窗口，单击 Web 浏览器，在地址栏分别输入服务器 HTTP 服务地址 http://192.168.1.1 和 HTTPS 服务地址 https://192.168.1.1，单击"转到"按钮，浏览器便显示网页内容，如图 4-35、图 4-36 所示。

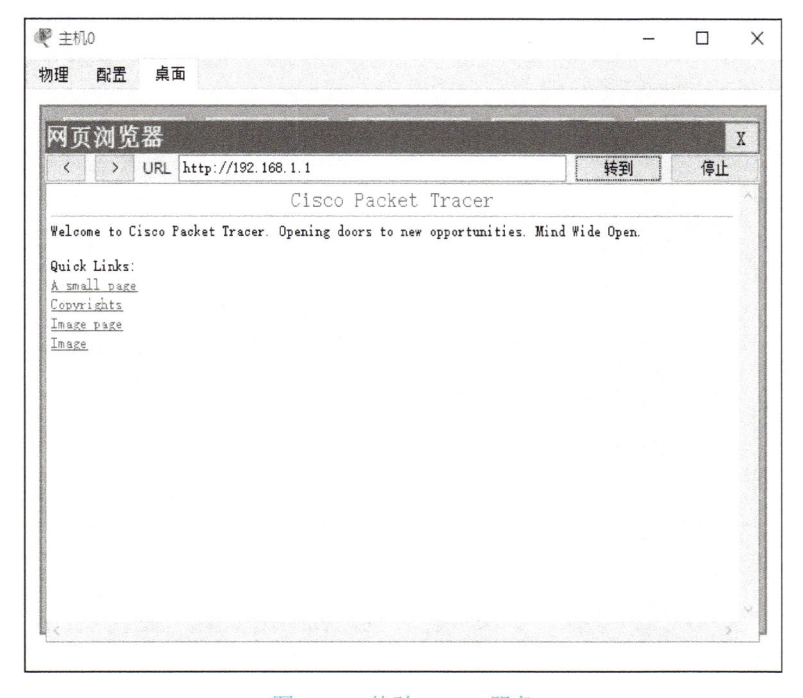

图 4-35　体验 HTTP 服务

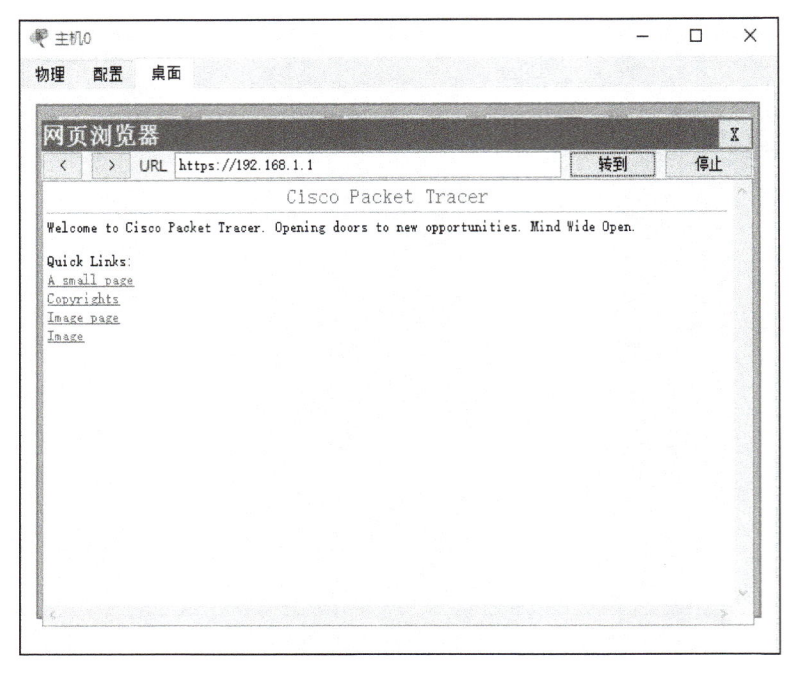

图 4-36　体验 HTTPS 服务

（7）单击服务器"配置"窗口的 DNS 选项，开启 DNS 服务，添加 A 记录，例如 ok.com，对应域名服务器的 IP 为 192.168.1.1，如图 4-37 所示。

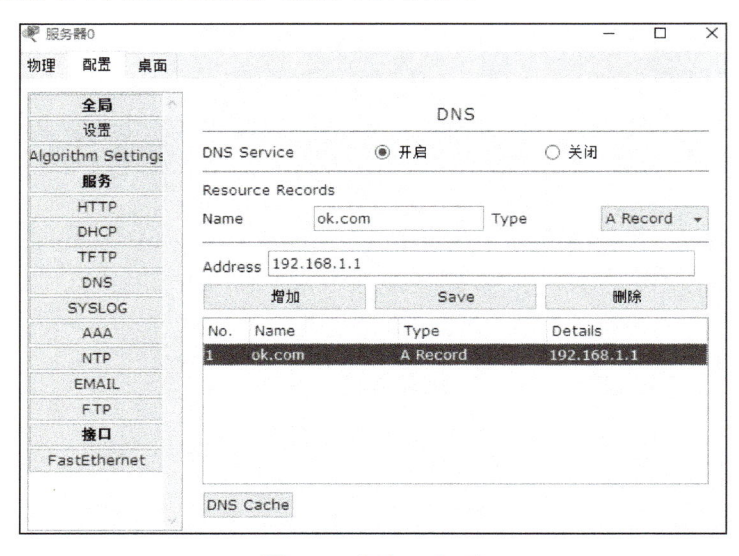

图 4-37　添加 A 记录

（8）单击主机"PC"，选择"桌面"窗口的 Web 浏览器，在 URL 地址栏分别输入 http://ok.com 和 https://ok.com，单击"转到"按钮，显示如图 4-38、图 4-39 所示。

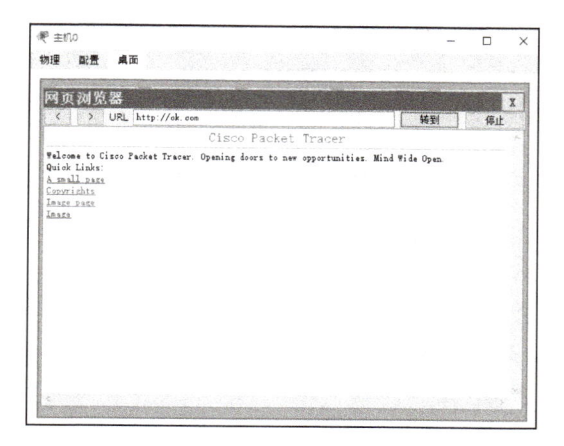

图 4-38　体验 HTTP 域名登录

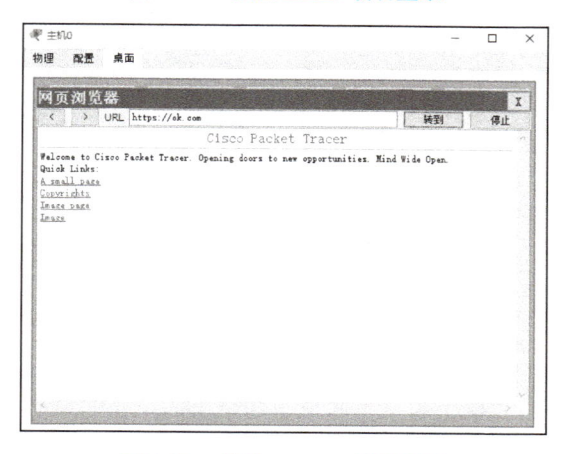

图 4-39　体验 HTTPS 域名登录

思考与练习 4

一、填空题

1．目前，一个家庭不但有台式计算机，还有笔记本电脑、智能手机等智能终端需要接入 Internet，通过_____接入到以太网成为很常见的接入方式。

2．在域名中，com 属于_____机构，中国的顶级域名为_____。

3．_____，又叫 URL，是专为标识 Internet 网上资源位置而设的一种编址方式，平时所说的网页地址指的即是 URL。

4．DNS 的功能是_____。

5．Internet 中文名称为_____。

6．Internet 起源于美国国防部建立的_____。

7．电子邮件地址的典型格式为_____。

8．个人计算机通过 ADSL 接入 Internet 时，除计算机和电话线以外，还需要的硬件是_____。

9．如果家里有多台计算机需要上网，用_____可以共享上网。

二、简答题

1．什么是 FTP？应用 FTP 可以传输哪些类型的文件？

2．域名与 IP 地址的关系是什么？

3．HTTPS 的默认服务端口是多少？

4．目前，常见的 Internet 接入方式有哪几个？

5．Intranet 和 Internet 有什么区别？

模块 5　服务器和网络操作系统

5.1　认识服务器

服务器，也称伺服器，是提供计算服务的设备。由于服务器需要响应服务请求，并进行处理，因此一般来说服务器应具备承担服务并保障服务的能力。服务器的构成包括处理器、硬盘、内存、系统总线等，和通用的计算机架构类似，但是由于需要提供高可靠性的服务，因此在处理能力、稳定性、可靠性、安全性、可扩展性、可管理性等方面要求较高。

按应用层次划分，服务器可分为入门级服务器、工作组级服务器、部门级服务器、企业级服务器。

按外形结构划分，服务器可分为机架式服务器、刀片式服务器、塔式服务器和机柜式服务器。

图 5-1　机架式服务器

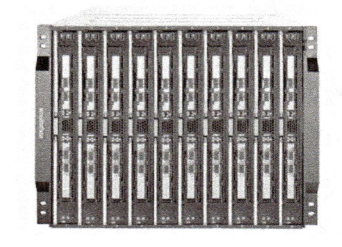

图 5-2　刀片式服务器

图 5-3　塔式服务器

图 5-4　机柜式服务器

1．机架式服务器

机架式服务器的外形看起来不像计算机，而像交换机，有 1U（1U=1.75 英寸=4.445cm）、2U、4U 等规格。机架式服务器安装在标准的 19 英寸机柜里面，具有这种结构的多为功能型服务器。对于信息服务企业（如 ISP/ICP/ISV/IDC）而言，选择服务器时首先要考虑服务器的体积、功耗、发热量等物理参数，因为信息服务企业通常使用大型专用机房统一部署和管理大量的服务器资源，机房通常设有严密的保安措施、良好的冷却系统、多重备份的供电系统，其机房的造价相当昂贵。如何在有限的空间内部署更多的服务器直接关系到企业的服务成本，通常选用机械尺寸符合 19 英寸工业标准的机架式服务器。机架式服务器也有多种规格，例如 1U（4.45cm 高）、2U、4U、6U、8U 等。通常 1U 的机架式服务器最节省空间，但性能和可扩展性较差，适合一些业务相对固定的使用领域。4U 以上的产品性能较高，可扩展性好，一般支持 4 个以上的高性能处理器和大量的标准热插拔部件。管理也十分方便，厂商通常提供相应的管理和监控工具，适合大访问量的关键应用。

2．刀片式服务器

刀片式服务器是指在标准高度的机架式机箱内可插装多个卡式的服务器单元，实现高可用和高密度。每一块"刀片"实际上就是一块系统主板。它们可以通过"板载"硬盘启动自己的操作系统，如 Windows、Linux 等，类似于一个个独立的服务器。在这种模式下，每一块母板运行自己的系统，服务指定的不同用户群之间没有关联，因此相较于机架式服务器和机柜式服务器，单片母板的性能较低。不过，管理员可以使用系统软件将这些母板集合成一个服务器集群。在集群模式下，所有的母板可以连接起来提供高速的网络环境，同时共享资源，为相同的用户群服务。在集群中插入新的"刀片"就可以提高整体性能，而由于每块"刀片"都是热插拔的，所以系统可以轻松地进行替换，并且将维护时间降到最少。

3．塔式服务器

塔式服务器应该是大家见得最多的，且最容易理解的一种服务器结构类型，因为它的外形及结构跟平时使用的立式 PC 差不多。当然，由于服务器的主板扩展性较强、插槽也较多，所以个头比普通主板大一些。塔式服务器的主机机箱也比标准的 ATX 机箱要大，一般会预留足够的内部空间以便日后进行硬盘和电源的冗余扩展。

由于塔式服务器的机箱比较大，服务器的配置可以很高，冗余扩展性能可以很齐备，所以它的应用范围非常广，应该说使用率最高的一种服务器就是塔式服务器。平时常说的通用服务器一都是指塔式服务器，它可以集多种常见的服务应用于一身，不管是速度应用还是存储应用都可以使用塔式服务器来解决。

4．机柜式服务器

机柜式服务器在一些高档企业服务器中由于内部结构复杂，内部设备较多，有的还具有许多不同的设备单元或几个服务器都放在一个机柜中，这种服务器就是机柜式服务器。机柜式通常由机架式服务器、刀片式服务器再加上其他设备组合而成。

5.2 网络服务器操作系统

网络服务器的操作系统一般采用 Windows、Linux、NetWare，也有一部分采用 UNIX 系列。

任何计算机系统都包括硬件和软件两部分，而操作系统（Operating System，OS）则是最靠近硬件的低层软件。操作系统是控制和管理计算机硬件和软件资源、合理地组织计算机工作流程并方便用户使用的程序集合。它是计算机和用户之间的接口。

同样，网络操作系统是网络用户和计算机网络的接口，它除了要完成一般操作系统的任务外，还要管理与计算机网络有关的硬件资源（如网卡、网络打印机、大容量外存等）和软件资源（如为用户提供文件共享、打印共享等各种网络服务，以及电子邮件、WWW 等专项服务），允许设备与其他设备进行通信。

早期网络操作系统的网络功能比较简单，仅提供基本的数据通信、文件和打印服务及一些安全性特征，随着网络的规模化和复杂化日益加剧，现代网络操作系统的功能不断扩展，原来一些由专用软件实现的功能也被包括进来，同时性能大幅度提高，很多网络操作系统还提供了局域网和广域网的连接功能。

5.2.1 网络操作系统的类型

根据网络资源的管理方式来划分，网络操作系统有 3 种类型。

（1）集中式。集中式网络操作系统实际上是从分时操作系统加上网络功能演变而成的，这种系统的基本单元是一台主机和若干台与主机相连接的终端，将多台主机连接就构成了网络，UNIX 系统是典型的例子。由于 UNIX 系统发展时间长，性能可靠，并且多用于大型主机，所以在关键任务场合仍是首选系统。金融行业至今仍以 UNIX 系统为主。

（2）客户机/服务器（Client/Server，C/S）模式。这种模式代表了现代网络的潮流。在网络中连接多台计算机，有的计算机提供文件、打印等服务，被称为服务器；而另外一些计算机向服务器请求服务，称为客户机或工作站。客户机与集中式网络中的终端不同的是，客户机有自己的处理能力，仅在需要通信时才向服务器发出请求，而典型的终端一般称为哑终端，没有自己的处理能力，靠主机的 CPU 分时完成各种处理。Novell 的 Netware 和微软的 Windows 是这种网络操作系统的典型代表。

（3）对等式。与客户机/服务器模式相关的另一种模式是对等式，这种模式使网络中每一台计算机都具有客户机和服务器两种功能，既可向其他机器提供服务又可向其他机器请求服务。这种模式应用于以下两种场合。

① 简单网络连接。适用于工作组内几台计算机之间，仅需提供简单的通信和资源共享

的情况。这种情况下无须购置专用服务器。在小规模应用时，这种模式是一种投资少、实施简单的方案。

② 分布式计算。把处理和控制分布到每台计算机的分布式计算模式是极为复杂的，目前尚无成熟的系统。

一般常说的对等式网络是指前一种应用场合。

在集中式网络中，网络操作系统仅安装在主机上，终端本身不需要安装任何软件（实际使用中，常常会把 PC 模拟成终端来使用。这种情况下，PC 上需运行一个终端模拟软件，如 Windows XP 上的超级终端程序，这里所说的终端不包括这种情况）；在客户机/服务器网络中，网络操作系统实际上由两部分组成：一部分是服务器软件；另一部分是客户机软件。其中，服务器软件是网络操作系统中主要组成部分，而客户机要简单得多，主要提供用户访问网络的接口。在这种模式下，对于连接在网络中的计算机，安装了服务器软件的就被称为服务器，反之，则被称为客户机。当然，服务器软件一般安装在网络中性能最好的计算机上，以便提供最好的服务。在对等式网络中，所有计算机安装的都是同一类网络操作系统，它们既是服务器，又是客户机，同时提供客户机/服务器两种功能。

5.2.2 UNIX 操作系统

UNIX 是唯一能在所有级别计算机上运行的操作系统，从微型机（如 PC）、小型机、大型机到超级计算机。UNIX 尽管在一开始并不是面向计算机网络设计的网络操作系统，但在计算机网络世界中有悠久的历史并获得了极为广泛的应用，其在计算机网络，尤其是因特网的发展中发挥了极其重要的作用。在实现 TCP/IP 通信协议的操作系统中有 UNIX 的 BSD 版，而在当今为因特网直接服务的各类节点计算机中，部分使用 UNIX 或类 UNIX 操作系统。

UNIX 是一个多用户、多任务、分时操作系统，其运行的硬件环境如图 5-5 所示，图中主机主要包括 CPU、内存及辅存等；控制台是指 UNIX 管理人员管理系统所使用的终端；终端是指用户使用 UNIX 系统时所面对的硬件设备，它包括两部分：显示器和键盘。终端上没有执行部件（CPU）。PC 也可以仿真成终端，通过局域网访问 UNIX 系统。用户在使用 UNIX 系统时，每个用户占用一台终端，通过终端使用计算机系统或访问广域网，所以 UNIX 系统能被多个用户同时使用。此外，UNIX 系统也可以提供单用户使用环境，这时整个计算机系统由单个用户单独使用。

常用的 UNIX 网络服务功能包括：

（1）文件传输。通过网络可把文件从一个系统传输到另一个系统。在 UNIX 系统中，支持 FTP 形式的文件传输，可以使用 FTP 软件建立服务器。

（2）内部文件传输。如果不能确定一个文件在哪儿或想去哪个地方，可以和一个远地系统建立起一个内部进程。在此进程中，如果登录权限允许，就能搜索远地和本地系统并能通过网络复制任何文件。

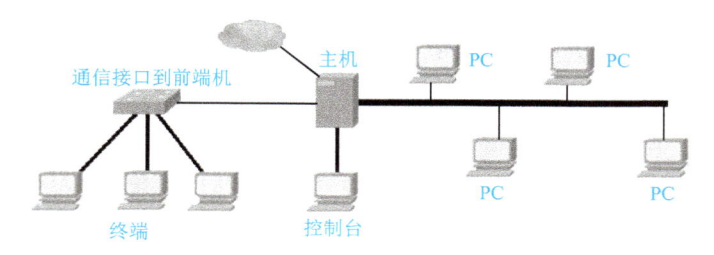

图 5-5　UNIX 运行的硬件环境

（3）远程登录。用户在使用 Telnet 工具登录一个 UNIX 系统时，就启动了一个登录进程，这使得用户工作于远程系统的命令行方式，所有指令将在该远程系统中运行。

（4）获取远程文件系统的连接。这不是在本地系统和一个远地 UNIX 系统之间传输文件，而是使用者能通过把部分远程文件系统连接到本地文件系统上来得到文件。实际上，使用标准的 UNIX 命令能够在远程文件系统目录树中上下移动，可以用 cd 命令进入一个目录，列出内容并复制文件，对这些文件可以像在自己的系统上一样操作。

5.2.3　Linux 操作系统

Linux 是一套免费使用和自由传播的类 UNIX 操作系统，是一个基于 POSIX 和 UNIX 的多用户、多任务、支持多线程和多 CPU 的操作系统。它能运行主要的 UNIX 工具软件、应用程序和网络协议。它支持 32 位和 64 位硬件。Linux 继承了 UNIX 以网络为核心的设计思想，是一个性能稳定的多用户网络操作系统。

Linux 操作系统诞生于 1991 年 10 月 5 日（这是第一次正式向外公布时间）。Linux 存在许多不同的版本，但它们都使用了 Linux 内核。Linux 可安装在各种计算机硬件设备中，如手机、平板电脑、路由器、视频游戏控制台、台式计算机、大型机和超级计算机。

Linux 操作系统的诞生、发展和成长过程始终依赖着五个重要支柱：UNIX 操作系统、MINIX 操作系统、GNU 计划、POSIX 标准和 Internet 网络。

Linux 的基本思想有两点：第一，一切都是文件；第二，每个软件都有确定的用途。其中第一条的意思就是说，系统中的所有归结为一个文件，包括命令、硬件和软件设备、操作系统、进程等，对于操作系统内核而言，都被视为拥有各自特性或类型的文件。至于说 Linux 是基于 UNIX 的，在很大程度上也是因为这两者的基本思想十分相近。

Linux 是一款免费的操作系统，用户可以通过网络或其他途径免费获得，并可以任意修改其源代码。这是其他操作系统所做不到的。正是由于这一点，来自全世界的无数程序员参与了 Linux 的修改、编写工作，程序员可以根据自己的兴趣和灵感对其进行改变，这让 Linux 吸收了无数程序员的精华并不断壮大。

Linux 可以运行在多种硬件平台上，如具有 x86、680x0、SPARC、Alpha 等处理器的平台。此外，Linux 还是一种嵌入式操作系统，可以运行在掌上电脑、机顶盒或游戏机上。同时 Linux 支持多处理器技术。多个处理器同时工作，使其系统性能大大提高。

5.2.4　Netware 网络操作系统

Netware 网络操作系统是 Novell 公司于 1983 年推出的网络产品，并且凭借其强大的文件、打印服务功能成为计算机网络集成领域的主流产品之一。Novell 网络技术的演进集中体现在 Novell 公司开发的网络操作系统 Netware 的发展上。Netware 是一个运行在服务器主机上的多内核操作系统，经历了一个不断发展完善的过程。Netware 版本中最为著名的为 Netware 3.12、Netware 4.1、Netware4.11、Netware 5.X。

Netware 的最大特点是提供了高性能的文件服务。在 Novell 网络中，文件服务和打印服务是最基本的服务。文件访问的速度是网络潜在的瓶颈，Novell 网络采用了多路硬盘处理及高速缓存技术的磁盘访问机制提高硬盘的访问速度。具体方法为：目录高速缓存、目录区索引、文件高速缓存等。

Netware 的第二大特点是灵活地共享打印机。实现打印机共享需要安装管理打印数据与打印机的打印服务软件。在 Netware 中，可以将这种打印服务软件装入各种硬件（包括文件服务器）中，并且可以同打印机、文件服务器、打印服务器、客户机等平滑连接。

在安全性方面，Netware 对入网的用户进行注册登记，对各个用户使用网络的时间及可以使用的资源等进行限制。通过修改 Netware 文件/目录属性的种类提供 NDS 对象级的安全。

在抗故障能力方面，Netware 使用 SFT（系统容错）和 TTS（事务跟踪系统）等保护系统与数据，并且配置由 UPS 监视模块和服务器监视功能，以保护服务器的可靠运行。Netware 的容错功能建立在操作系统一级，从而使网络系统在执行系统容错功能的同时，不影响系统的其他功能。

Netware 是一个极其高效的文件和打印服务器。Novell 通过开发可装载模块使 Netware 可以运行数据库和消息传送等应用程序，但 Netware 本身缺乏一个强健的基础来可靠、迅捷地运行应用程序，因此将其作为数据库服务器、Web 服务器、通信服务器并不合适。实际应用中往往综合采用 Netware 的文件服务、打印服务功能和 Windows NT Server 的应用服务功能构建 Novell 与 Windows NT 的混合网络，以充分发挥 Netware 强大的文件服务与打印功能。

5.2.5　Windows 网络操作系统

1．Windows 的网络特性

同其他网络操作系统产品相比，Microsoft 公司 1993 年推出的 Windows NT 操作系统在诸多方面有所不同，无论作为工作站操作系统还是作为服务器操作系统，Windows NT（这里提及的 Windows NT 以 Windows NT 4.0 为主，以下简称 NT）都极具特色。

（1）体系结构的独立性。大多数操作系统在设计时针对某一特定处理器。处理器的特性，如字长、页面存储方式、高低字节排列及保护模式等，都影响着操作系统的设计。微软在设计 NT 时有意要突破 Intel x86 的体系结构，为避免因此而影响 NT 的独立性，微软首选了在 MIPR4000（一种 RISC 芯片）上实现 NT。

为了做到体系结构的独立性，NT 中把与硬件有关的部分单独放在一个称为硬件抽象层的层次中。这样，要在一种新的处理器上实现 NT，只需重写 HAL 即可。

（2）多处理器支持。CPU 的速度总是赶不上应用的需求，让计算机运算得更快的另一种方法是增加处理器的个数。就基本形态而言，NT 可在一台服务器中支持 2、4、6、8 个乃至 16 个处理器。在任何 NT 服务器及工作站的正式版本中，若想使用多处理器结构，必须配置特定的 HAL。

多处理器系统可分为对称和非对称两大类。在非对称多处理器系统中，每个处理器完成不同的、特别定义的工作；而在对称多处理器系统中，每个处理器完成的任务是由网络操作系统实时分配的，一个处理器执行什么任务完全由操作系统根据当前系统的状态来指派。每个处理器都有对所有硬件、总线和内存的全部访问权。NT 服务器中采用了对称多处理器结构。

（3）多线程的多任务处理。多任务通常指单个计算机可以同时运行多个不同程序。一般来说，每个程序在系统内部都是单独运行的。NT 系统不论是运行在单处理器系统上还是运行在多处理器环境中，都支持多任务处理。它具有抢占、分时、优先级驱动等功能，可称为"真正的"多任务系统。

为提高系统效率，在 NT 系统中提出了多线程（Multithread）概念，对这些数据库服务器的基于服务器程序非常关键。因为这些服务器必须同时响应来自许多客户的请求。每当出现一个客户请求时，数据库服务器就生成一个线程来处理客户请求。多线程的主要优点是系统资源消耗小、切换速度快、执行效率高。

（4）支持非常大的内存空间。32 位地址可以让用户使用更大的内存空间，大大提高了应用系统的性能。NT 可以为每个应用程序提供 4GB 的内存空间，这是通过虚拟内存技术，使用外部存储器（硬盘）模拟内存来实现的。

（5）集中化的用户环境文件。在运行 DOS 或 Windows 的机器上，磁盘中存放了大量以 INI、INF 等作为扩展名的初始化文件；NT 则把程序初始化信息集中在一个数据库中，称为注册表（Registry）；数据库中用户定义部分称为用户环境文件（User Profile）。

（6）远程访问服务。NT 服务器内部提供了远程访问（拨号访问）能力，可把 NT 服务器配置成远程访问服务器来为远程客户提供接入服务，远程客户端的软件可在 Windows 9X/Me 系统或 Windows NT 工作站上运行。

（7）基于域和工作组的管理功能。NT 服务器提供了基本的网络管理功能，能够方便地实现对多个服务器的安全控制，从而大大减轻网络管理人员的劳动。

（8）容错特性与冗余磁盘阵列（RAID）支持。域的安全信息数据库驻留在称为主域控制器的单个服务器上，域中的其他服务器可以作为后备域控制器。用目录复制的方法可保证主域控制器和后备域控制器的数据同步，并在主域控制器失效时，备份域控制器升级为主域控制器。

（9）Netware 支持。NT 服务器可提供与 Netware 服务器通信的功能。

2．Windows 系列操作系统网络环境

所有网络都具有其独特的风格及与之相关的术语。例如，Novell 网络一直坚定地朝着客户机服务器的体系结构发展，而 Microsoft 的网络则源于对等网络（Peer to Peer）的结构。时至今日，所有 Microsoft 网络产品都具有此特征。在 Microsoft 的网络环境中，用户必须熟识域（Domain）、工作组（Workgroup）之类的术语。

在最简易的微软网络中，只需要在所有联网的计算机上安装 Windows XP/7/10 便可以拥有共享级访问方式，共享硬盘和打印机。所谓工作组是这样一个概念：在工作组中，一个机器要么是工作站（使用资源但不提供资源），要么是服务器兼工作站（既使用资源又提供资源），而不存在专用服务器。工作组的安全性控制是一种所谓的共享级安全性，提供共享资源的计算机可以为其提供的每项资源单独设置密码保护，而所有访问者只能用同一密码来访问同一资源，如果想对某人关闭该资源，就必须修改密码，然后再通知除这个人外的所有人。

要使 Microsoft 网络具备更高的智能性和安全性，那就需要域。域是 Microsoft 网络环境中的一个基本管理单元，可以看成是一个具有集中安全控制的超级工作组。与工作组一样，域也是一组联网的计算机集合。与工作组不同的是，用户对域资源（网络用户、打印机、网络文件资源等）的所有访问都由该域中的某个计算机授权监控，这个计算机称为主域控制器。域主要有两个优点：①一个域对一个用户来说只有一个密码，用户的一次登录即可打开该域的所有被授权使用的资源；②用户的注册由网络管理员统一管理。网络管理员若要拒绝某人上网，只需要删除那个人的账号，别人无须更改密码仍可继续使用网络。

3．Windows 2000 简介

Windows 2000，原名 Windows NT 5.0，其结合了 Windows 98 和 Windows NT 4.0 的很多优良功能和性能，超越了 Windows NT 的原来含义。Windows 2000 平台包括了 Windows 2000 Professional 和 Windows 2000 Server 的前后台集成。下面简要地介绍一下它相对于以前 Windows NT 4.0 的新特性和新功能。

（1）活动目录（Active Directory）。

Windows 2000 Server 在 Windows NT Server 4.0 的基础上，进一步发展了"活动目录"。活动目录是一个网络所有资源的目录，其基本功能类似于电信局的"电话号码本"，与电话号码本不同的是它可以做到动态增长，自动将网络中的用户、文件资源、打印机等加入其中。活动目录的管理单位是域（Domain），一个域可以存储上百万的对象，域之间还有层次关系，可以建立域树和域森林，无限地扩展。

活动目录包括两个方面，即目录和与目录相关的服务。目录是存储各种对象的一个物理容器，目录服务是使目录中所有信息和资源发挥作用的服务。活动目录是一个分布式的目录服务，信息可以分散在多台不同的计算机上，保证快速访问和容错。同时，不管用户从何处访问或信息处在何处，都为用户提供统一的视图。

值得注意的是，Windows 2000 对原来域的概念做了重大改进。其中，对理解 Windows 2000 起关键作用的内容有：

① 取消了主域控制器和后备域控制器的区别，在一个域中可以同时运行若干个域控制器（DC），各域控制器互为备份。

② 在域中可设立若干组织单元（Organization Unit，OU），可将 OU 的管理权限下放给各部门的主管，从而减少域管理员的工作负担，但域管理员仍拥有管理全域的权利。

③ 多个域之间可以建立层次性（树型）关系，其中域名命名方式与因特网中的域名管理十分类似，这种关系沿袭原 NT 系统中的域间信任关系，所不同的是在默认情况下，这种信任关系是双向的、可传递的。这样构成的域间信任关系称为域树（Domain Tree）。

④ 在域树之间也可以建立信任关系，这种关系的建立就形成了所谓的域森林（Domain Forest）。无论是域树还是域森林，都可以共享同样的网络资源访问机制和活动目录的服务。

（2）文件服务。

Windows 2000 在 Windows NT Server 4.0 的高效文件服务基础上，加强并新增了分布式文件系统、用户配额、加密文件系统、磁盘碎片整理和索引服务等特性。分布式文件系统（Distributed File System，DFS）是一个在 Windows NT Server 4.0 中已经存在的文件服务，并在 Windows 2000 中得到了增强。它的作用是不管文件的物理分布情况如何，都可以把文件组织成为树状的分层次逻辑结构，便于用户访问网络文件资源，加强容错能力和网络负载均衡等。

建立了分布式文件系统之后，可以从文件树的根节点开始寻找文件，不用担心迷失方向，也无须考虑文件的物理存储位置，即使文件的物理存储位置有变动，也不会影响用户的使用。这是一个透明的高扩展性的文件管理方案。

Windows 2000 采用了 NTFS 5.0 文件系统，在 NTFS 4.0 的基础上，增加了两个新的特别访问许可：权限改变访问许可和拥有所有权访问许可。权限改变访问许可与常用的完全控制的访问许可相比，它只可以改变某些文件/文件夹的权限属性，而不能够增加或删除文件，管理得更加细致；拥有所有权访问许可可以用在一个员工离开公司后，接替员工需要拥有原先员工所拥有文件的场合。

在 Windows 2000 分布式网络环境中，多了一个管理文件存储增长的新工具：磁盘配额。磁盘配额允许管理员根据文件或文件夹的所有权来向用户分配磁盘空间，还可以设定警报和观察用户所剩的磁盘空间。这种磁盘配额管理以磁盘卷为基础，可以在磁盘卷属性中设定。

加密文件系统（Encrypting File System，EFS）是在磁盘上存储 NTFS 文件的一种新的加密存储方式。加密文件系统是以公用密钥系统为基础的，其作为系统服务的一部分，容易管理且有较好的防御能力，并且对于用户来讲是透明的。用户只需要在文件夹的高级属性中指定"加密内容以保护数据"，文件夹中的文件和子文件夹就会被加密。对于移动用户来说，假设笔记本电脑丢失落入不法分子手中，即使不法分子重新安装操作系统，原有的文件业务也无法访问，这就进一步提高了安全性。在 Windows 2000 整体安全性设置中，可以指定"文件恢复代理"的管理员，以便在原有文件主人私钥丢失的情况下，仍然可以由管理员帮助其恢复文件。

（3）智能镜像。

Windows 2000 进一步加强了对于变化和配置的管理，这一整套技术被称为智能镜像（Intellimirror）。而 Microsoft 专门的网络管理软件 Systems Management Server 则是针对 Windows 2000 平台的增值解决方案，提供比智能镜像更高级的一些管理服务。智能镜像与 Windows 2000 的其他技术紧密结合，如活动目录、组策略（Group Policy）等。组策略是 Windows NT 系统策略管理的升级，它作用于某个特定的"容器"，如站点（Site）、域（Domain）和组织单元（Organizational Unit，OU），简称 SDOU。一旦实施，组策略就对容器中的机器或用户起作用，实施智能镜像。

智能镜像的主要内容包括四个方面：远程安装、用户数据管理、应用软件管理和用户设置管理。这些特性需要 Windows 2000 Professional 和 Windows 2000 Server 前、后台相结合才能体现出来。

① 远程安装。要为新员工安装一台全新的计算机，或者需要彻底重新安装一台计算机，管理员希望在远程安装过程中，除了安装操作系统外，还要把诸如 MS Office、WinZip 等应用软件和工具一并安装上，甚至把公司标准的桌面主题也一并设置好。采用 Windows 2000 智能镜像就可以轻松地做到这点。它提供了一个特别的工具，称为 Riprep。在管理员安装了一个标准的公司桌面操作系统并配置好应用软件和一些桌面设置之后，可以使用 Riprep 从这个标准的公司桌面系统制作一个镜像文件。这个镜像文件既包括客户化的应用软件，又把每个桌面系统必须独占的安全 ID、计算机账号等去除。管理员可以将它放到远程安装服务器上，供客户端远程启动进行安装时选用。

② 用户数据管理。对于用户的管理，Windows 2000 在组策略中可以通过"文件夹重定向"一项，指定把文件夹定位到每个用户在文件服务器上一个特定的个人或工作组拥有的目录中，还可以自动地为此目录加上存取权限。

③ 应用软件管理。公司环境中的另一个变化要素是对应用软件的管理。应用软件最好能够跟随用户，这样就可以在服务器端统一管理，还可对应用软件整个生命周期进行管理，即可以安装、升级和卸载等。如果能够严格按照 Windows 2000 智能镜像的步骤来部署和管理应用程序，网络应用环境就会井井有条，既能从容适应业务的急剧变化，又能降低管理成本。

④ 用户设置管理。在组策略中的智能镜像功能，可以使用户的桌面或系统设置跟随用户移动。不管用户从何处登录到网络，都会获得统一的工作环境，从而减少熟悉新环境的困惑和时间。管理用户设置的功能包括登录/注销、桌面显示、开始菜单、网络环境和计算机功能限制等。

智能镜像是 Windows 2000 中的核心特性之一，是活动目录、组策略和脱机文件夹等一系列技术配合作用的总称，可以帮助用户在网络时代中适应瞬息万变的业务需要，积极、主动地管理系统的变化和配置。

（4）安全特性。

Windows 2000 提供的安全特性包括数据安全性、企业间通信安全性、企业和因特网的单点安全登录，以及易用的管理性和高扩展性。

① 数据安全性。Windows 2000 所提供的保证数据保密性和完整性的特性，主要表现在以下三个方面。

- 用户登录时的安全性：从用户登录网络开始，对数据的保密性和完整性的保护就已经开始了。
- 网络数据的保护：包括在本地网络上的数据或穿越网络的数据。
- 存储数据的保护：可以采用数字签名来签署软件产品（防范运行恶意的软件），或者加密文件系统。

② 企业间通信安全性。Windows 2000 为不同企业之间的通信提供了多种安全协议和用户模式的内置集成支持。它的实现可以从以下三种方式中选择。

- 在目录服务中创建专门为外部企业开设的用户账号。通过 Windows 2000 的活动目录，可以设定组织单元、授权或虚拟专用网等方式，并对它们进行管理。
- 建立域之间的信任关系。用户可以在 Kerberos 或公用密钥体制得到验证之后，远程访问已经建立信任关系的域。
- 公用密钥体制。电子证书可以用于提供用户身份确认和授权，企业可以把通过电子证书验证的外部用户映射为目录服务中的用户账号。

③ 企业和因特网的单点安全登录。当用户成功登录到网络之后，Windows 2000 透明地管理一个用户的安全属性（Security Credentials），而不管这种安全属性是通过用户账号和用户组的权限规定（这是企业网的通常做法）来体现的，还是通过数字签名和电子证书（这是因特网的通常做法）来体现的。

④ 易用的管理性和高扩展性。通过在活动目录中使用组策略，管理员可以集中地把所需要的安全保护加强到某个容器（SDOU）的所有用户/计算机对象上。Windows 2000 包括了一些安全性模板，既可以针对计算机所担当的角色来实施，也可以作为创建定制安全性模板的基础。

（5）网络和通信。

Windows2000 提供了更加强大的网络和通信功能，具体表现在以下三个方面。

① 域名服务（DNS）。Windows 2000 中的域名服务支持动态更新（Dynamic Update）、增量区域传送（Increment Zone Transfer）和服务记录（SRV Record）。动态更新允许 DNS 客户机在发生改动后，自动到 DNS 服务器更新其资源记录，减少了管理员对区域记录进行手动管理的需要。增量区域传送提供在同一区域内传送每个数据库文件版本之间的增量资源记录变化，减少了数据库文件的传输流量。

② 服务质量（Quality of Service，QoS）。使用 Windows 的 QoS 服务，可以控制如何为应用程序分配网络带宽。在应用过程中，可以为重要的应用程序分配较多的带宽，而为不太重要的应用程序分配较少的带宽。基于 QoS 的服务和协议，为网络上的信息传输提供了可靠的、快速的、端到端的支持。

③ 集成 Web 服务。Windows Server 2000 平台上提供因特网信息服务（内置了 IIS5.0），该服务提供了在互联网（Intranet）或因特网上共享文档和信息的能力。利用 IIS，可以部署灵活可靠的、基于 Web 的应用程序，并可将现有的数据和应用程序转移到 Web 上。IIS 包括了 Active Server Pages（ASP 是一个基于服务器端的脚本运行环境）、Windows Media 服务（可以将高质量的流式多媒体传送给因特网和内联网上的用户）、分布式创作和版本编辑（使远程作者通过 HTTP 连接，编辑、移动或删除服务器上的文件、文件属性和目录属性）。

4．Windows 系列各版本

近几十年来，微软的 Windows 系列各版本因窗口化操作的方便性和功能强大而得到广泛应用和普及。供一般主机和工作站使用的 Windows 操作系统版本从 Windows95/98/ME/XP 升级到 Windows 7、Windows 10，网络服务器操作系统 Windows Server NT/NT4.0/2000/2003/2008/2012/2016/2019 也在性能稳定性、操作简便性、功能完善性等方面得到迅速发展。其中，Windows Server 2008 在现有服务器中使用最为流行。在下面的服务器配置实训中，我们将使用 Windows Server 2008 操作系统进行基本服务配置。

5.3　网络服务器典型应用配置实训项目

实训任务一　应用虚拟机练习安装 Windows Server 2008 操作系统

【实训目的】

1．学会安装使用虚拟机；

2．学会安装 Windows Server 2008 操作系统。

【实训设备】

安装了 Windows 7 操作系统的计算机。

【实训步骤】

（1）准备虚拟机软件 VirtualBox、Windows Server 2008 操作系统，安装 ISO 镜像文件。双击虚拟机软件，开始安装虚拟机，如图 5-6 所示。

图 5-6　VirtualBox 开始安装界面

（2）安装过程很简单，接收默认设置后按回车键，直到安装完成，如图 5-7 所示。

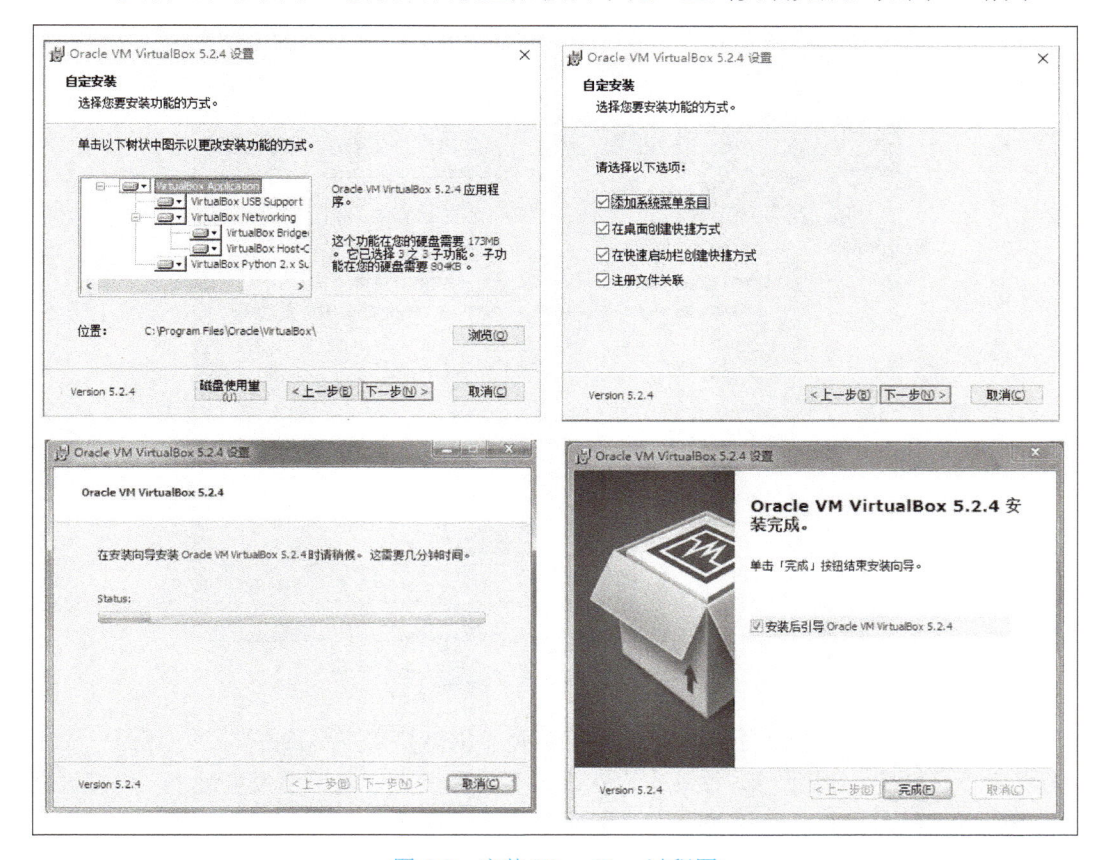

图 5-7　安装 VirtualBox 过程图

（3）打开虚拟机程序界面，如图 5-8 所示。

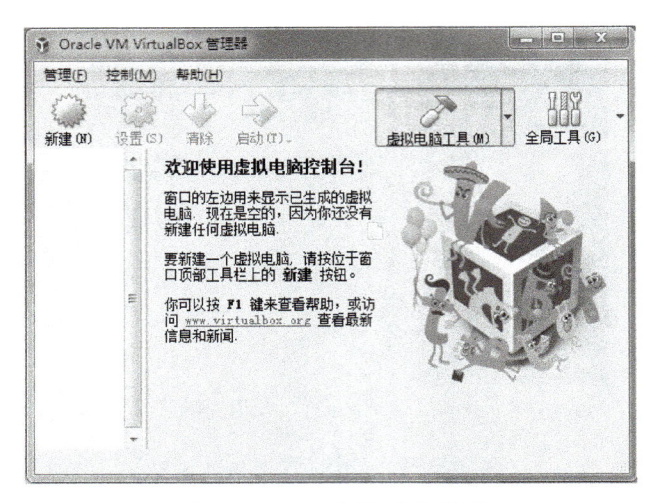

图 5-8　打开虚拟机程序界面

（4）单击"新建"按钮，创建虚拟机，如图 5-9 所示，命名为 win2008，选择对应的系统类型。

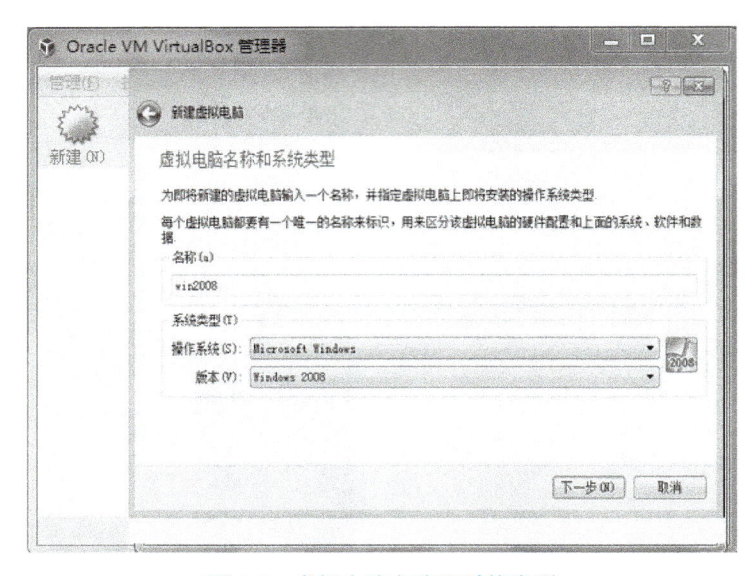

图 5-9　虚拟电脑名称和系统类型

（5）单击"下一步"按钮，分配虚拟机内存，依据物理本机内存大小，调整一个合适的内存大小，如图 5-10 所示。注意：内存既不要设置过大，也不要设置过小。内存设置过小，虚拟机运行不畅；内存设置过大，物理本机运行困难。

（6）单击"下一步"按钮，开始创建虚拟硬盘，默认选项为"现在创建虚拟硬盘"，建议的硬盘大小为 25GB，如图 5-11 所示。

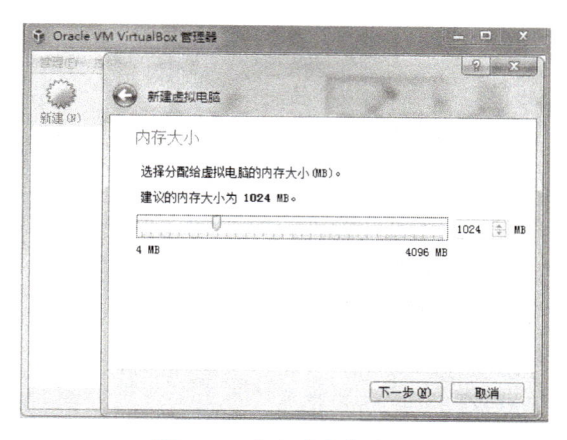

图 5-10　分配虚拟机内存

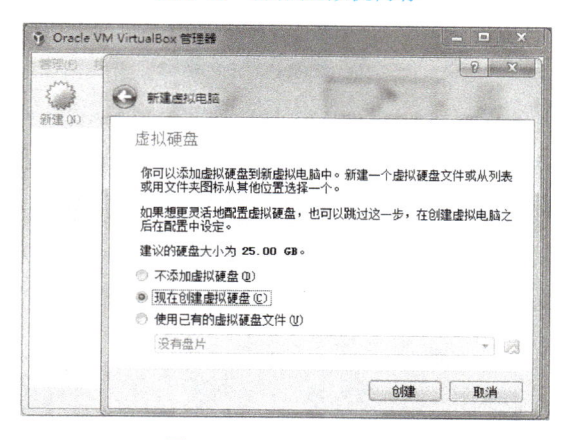

图 5-11　创建虚拟硬盘

（7）"虚拟硬盘文件类型"和"存储在物理硬盘上"的方式均选择默认选项，如图 5-12、图 5-13 所示。

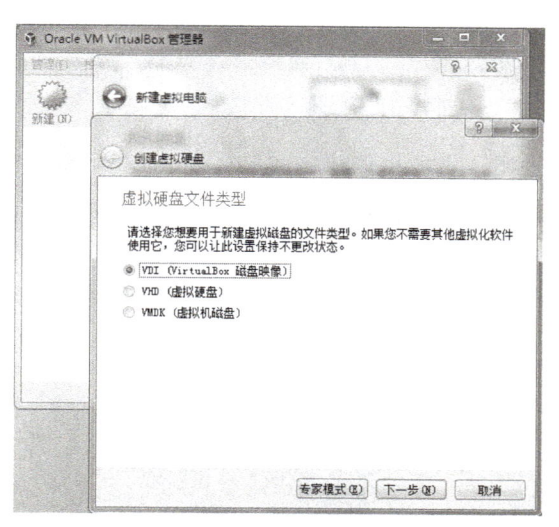

图 5-12　虚拟硬盘文件类型

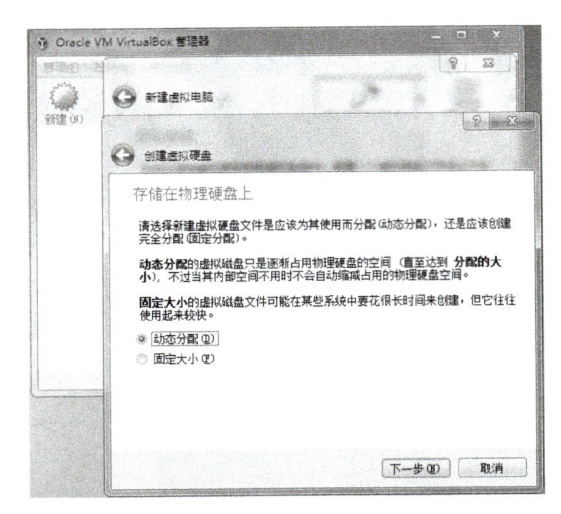

图 5-13　存储在物理硬盘上

（8）单击"下一步"按钮，调整文件的位置和大小，虚拟硬盘文件位置默认在 C 盘，单击图 5-14 所示右边文件夹图标，根据物理硬盘情况，选择剩余空间比较大的硬盘位置；设置虚拟硬盘大小为 25GB，也可以根据需要和物理硬盘大小做适当调整。

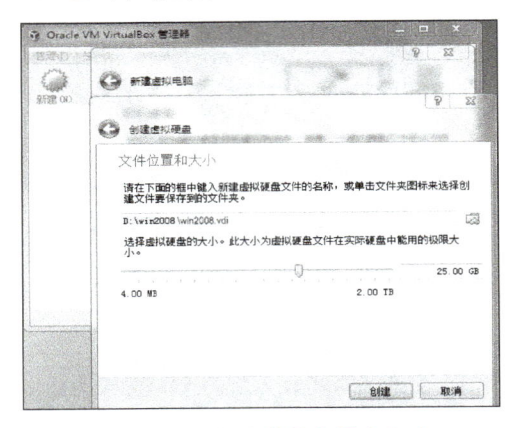

图 5-14　虚拟文件的位置和大小

（9）单击"创建"按钮，虚拟机创建完成，如图 5-15 所示。

图 5-15　Win2008 虚拟机创建完成

（10）单击"设置"按钮，选择一个虚拟光驱，加载已经准备好的 Windows Server 2008 操作系统 ISO 镜像文件，如图 5-16 所示。

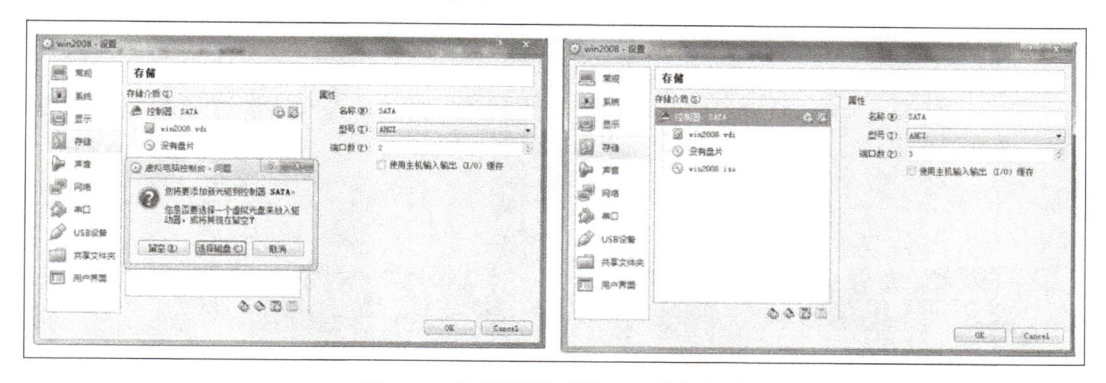

图 5-16　加载操作系统 ISO 镜像文件

（11）单击"OK"按钮，启动虚拟机开始安装 Windows Server 2008 操作系统，单击"下一步"按钮即开始安装，如图 5-17 所示。

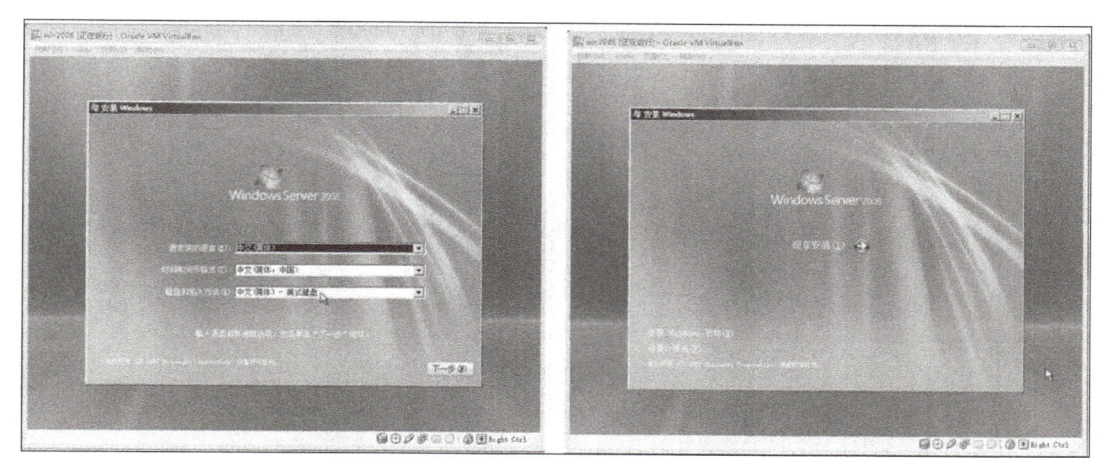

图 5-17　开始安装 Windows Server 2008 操作系统

（12）选择合适版本进行安装，此虚拟镜像安装文件中提供了三个版本：Windows Server 2008 标准版（Windows Server 2008 Standard）、Windows Server 2008 企业版（Windows Server 2008 Enterprise）、Windows Server 2008 数据中心版（Windows Server 2008 Datacenter）。这里选择标准版进行完全安装，如图 5-18 所示。

（13）用户首次登录时必须按照安全策略更改密码，密码要求含有字母、数字、特殊字符等，如图 5-19 所示，完成密码修改。

（14）单击"确定"按钮，成功登录 Windows Server 2008 操作系统，开机时自动弹出服务器初始配置任务界面，如图 5-20 所示，操作系统安装完成。

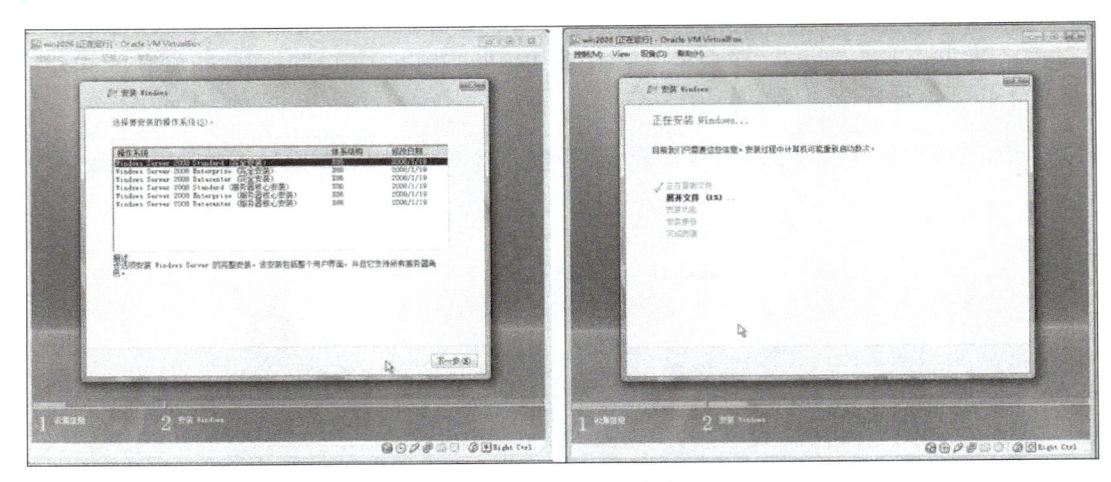

图 5-18　选择安装版本

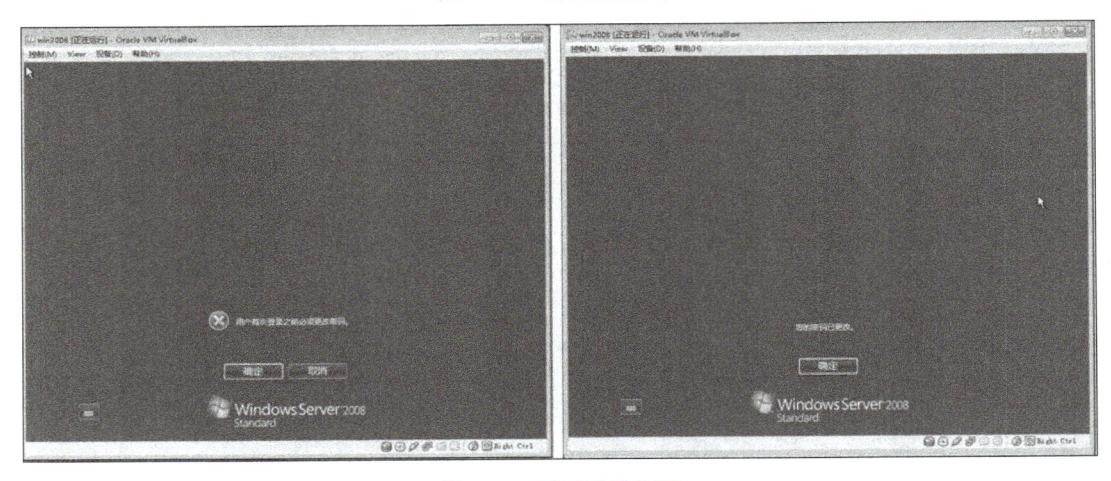

图 5-19　更改登录密码

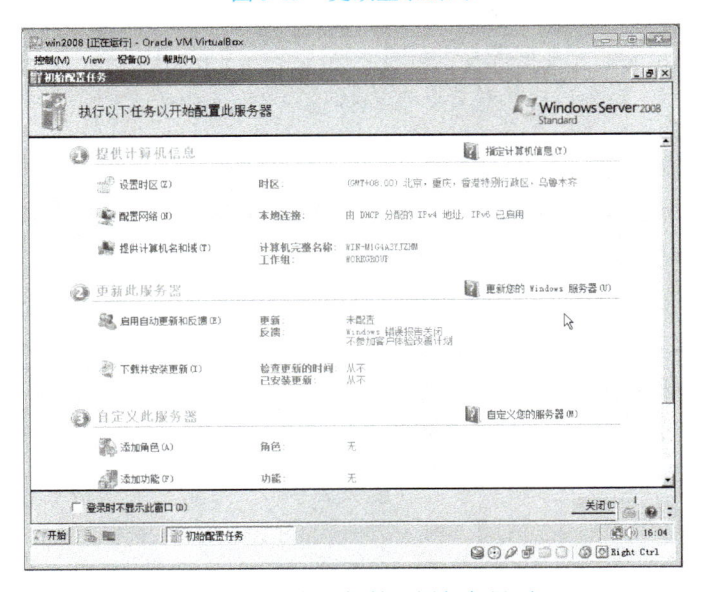

图 5-20　服务器初始配置任务界面

实训任务二　Windows Server 2008 操作系统 Web 服务器的安装配置

【实训目的】

学会 Windows Server 2008 操作系统 Web 服务器的安装配置。

【实训设备】

Windows 7 系统计算机、已成功安装 Windows Server 2008 操作系统的虚拟机。

【实训步骤】

（1）在如图 5-20 所示的 Windows Server 2008 启动时默认弹出的"初始配置任务"窗口中单击"添加角色"选项，打开"添加角色向导"的第一步"服务器角色"窗口，选择"Web 服务器（IIS）"复选框，如图 5-21 所示。

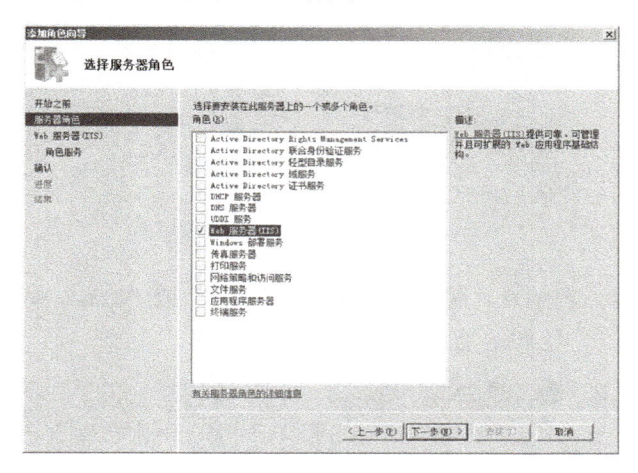

图 5-21　选择安装 Web 服务器 IIS

（2）单击"下一步"按钮，显示如图 5-22 所示的"确认安装选择"对话框。在此对话框中列出了前面选择的角色服务和功能，以供核对。

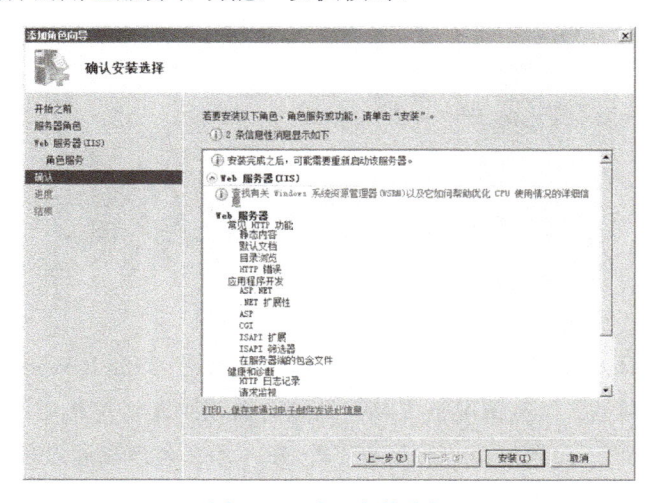

图 5-22　确认安装选择

（3）单击"安装"按钮，即可开始安装 Web 服务器。安装完成后，显示"安装结果"对话框。单击"关闭"按钮，Web 服务器安装完成。

（4）单击"开始→管理工具→Internet 信息服务（IIS）管理器"选项，打开 IIS 管理器，此时默认会创建一个名字为"Default Web Site"的站点。如图 5-23 所示为 Web 服务器默认站点界面。

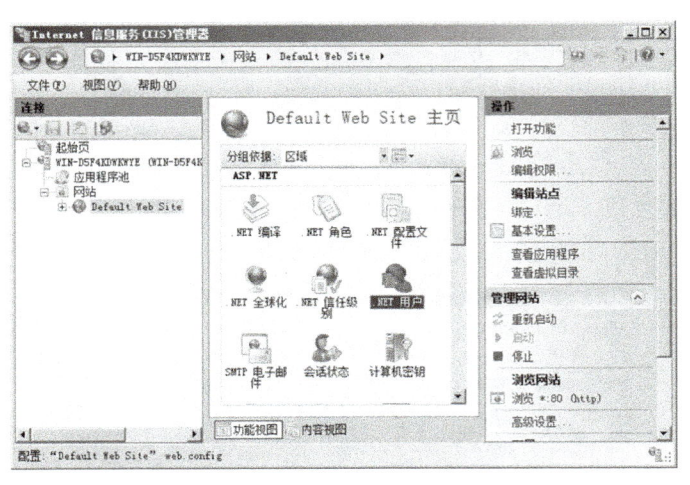

图 5-23　Web 服务器默认站点界面

（5）打开浏览器，在地址栏输入"http://localhost/"或"http://本机 IP 地址/"，如果出现图 5-24 所示窗口，说明 Web 服务器安装成功。

图 5-24　浏览安装 WEB 默认站点主页

（6）Web 服务器安装好之后，默认创建一个名字为"Default Web Site"的站点，使用该站点就可以创建网站。默认情况下，Web 站点会自动绑定计算机中的所有 IP 地址，端口默认为 80，也就是说，如果一个计算机有多个 IP，那么客户端通过任何一个 IP 地址都可以访问该站点，但是一般情况下，一个站点只能对应一个 IP 地址，因此，需要为 Web 站点指定唯一的 IP 地址和端口。

在 IIS 管理器中选择默认站点，在图 5-23 中的"Default Web Site 主页"窗口中，可以对 Web 站点进行各种配置；在右侧的"操作"栏中，可以对 Web 站点进行相关操作。

单击"操作"栏中的"绑定…"超链接，即可打开如图 5-25 所示的"网站绑定"窗口，可以看到"IP 地址"栏中有一个"*"号，说明现在的 Web 站点绑定了本机的所有 IP 地址。

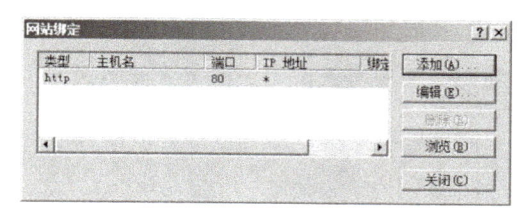

图 5-25　网站绑定窗口

（7）单击"添加"按钮，打开"添加网站绑定"窗口，如图 5-26 所示。

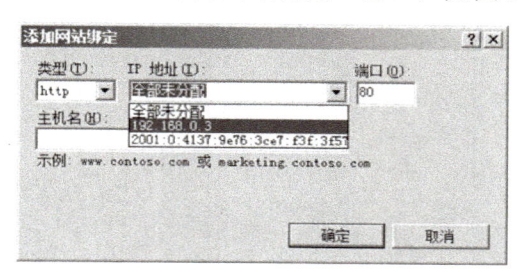

图 5-26　添加网站绑定

（8）单击"全部未分配"后边的下拉箭头，选择要绑定的 IP 地址即可。这样，就可以通过这个 IP 地址访问 Web 网站。端口栏表示访问该 Web 服务器要使用的端口号。按照图 5-27 所示的配置，就可以使用"http://192.168.0.3"访问 Web 服务器。（提示：Web 服务器默认的端口是 80，因此访问 Web 服务器时就可以省略端口号；如果设置的端口不是 80，如是 8000，则访问 Web 服务器就需要使用"http://192.168.0.3:8000"来进行）

主目录即网站的根目录，保存 Web 网站的相关资源，默认路径为"C:\Inetpub\wwwroot"。如果不想使用默认路径，可以更改网站的主目录。打开"Internet 信息服务（IIS）管理器"，选择 Web 站点，单击右侧"操作"栏中的"基本设置"超级链接，显示如图 5-27 所示的窗口。

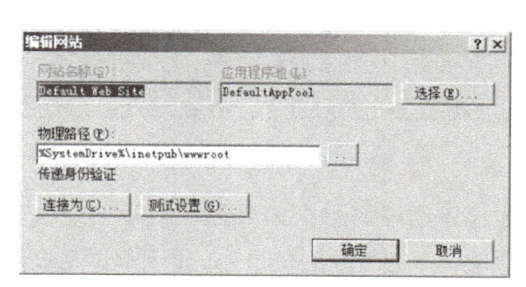

图 5-27　编辑站点目录

（9）配置默认文档。在 IIS 管理器中选择默认的 Web 站点，在"Default Web Site 主页"窗口中双击"IIS"区域的"默认文档"图标，打开如图 5-28 所示的界面。这里选择"index.htm"。

（10）打开网站根目录，默认路径为"C:\Inetpub\wwwroot"，将目录中所有文件清空，右击新建文本文档即可打开文档，在文档中输入测试网页字样，然后单击"文件→另存为"选项，打开"另存为"对话框，选择文件类型为所有文件，文件名为 index.htm 并保存，结果如图 5-29 所示。

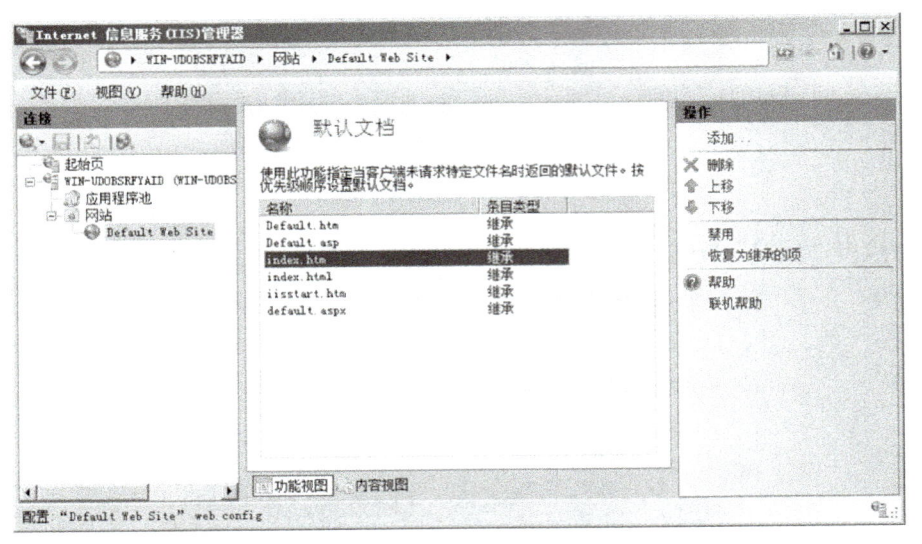

图 5-28　选择默认文档

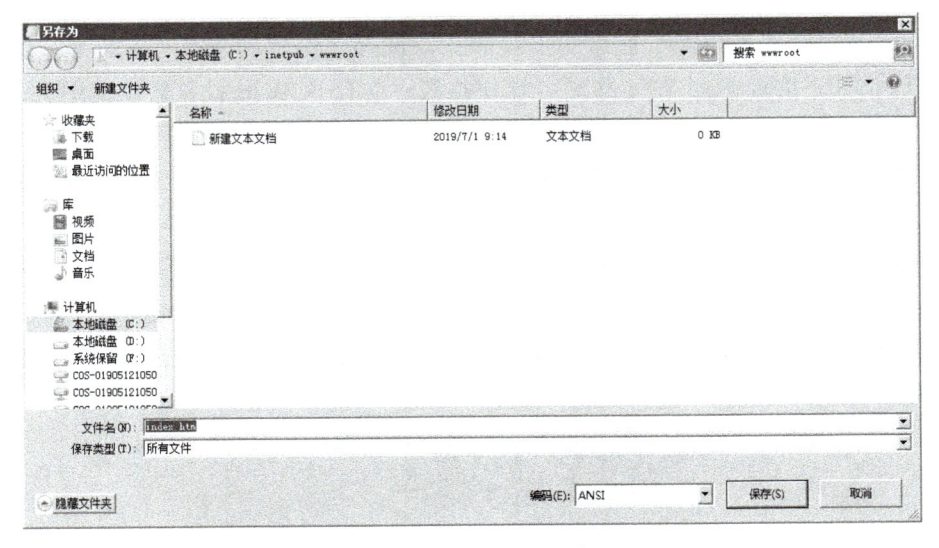

图 5-29　创建测试主页 1

（11）在网站根目录中显示结果如图 5-30 所示，表示已经成功创建测试主页。
（12）在浏览器地址栏输入 http://192.168.0.3，显示测试网页，表示设置成功。

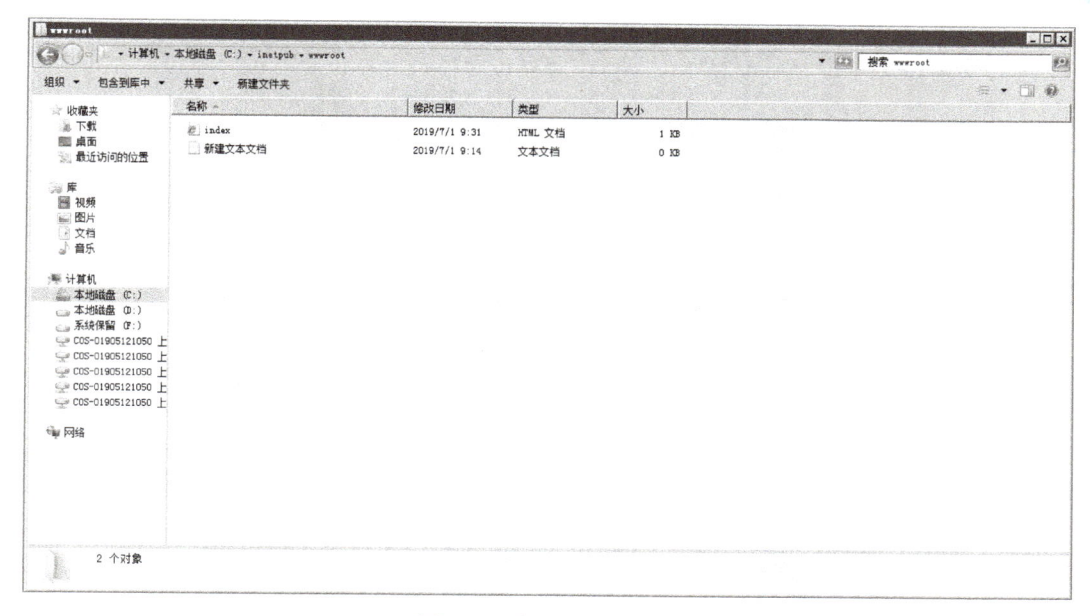

图 5-30　创建测试主页 2

实训任务三　Windows Server 2008 域名服务器 DNS 的安装配置

【实训目的】

学会 Windows Server 2008 域名服务器 DNS 的安装配置

【实训设备】

Windows 7 系统计算机、已成功安装 Windows Server 2008 操作系统的虚拟机

【实训步骤】

（1）打开 Windows Server 2008 服务器，设置该服务器的 IP 地址为 192.168.0.3、子网掩码为 255.255.255.0、默认网关为 192.168.0.1。作为 DNS 服务器，为了让其自身浏览器能正常访问互联网，其 TCP/IP 属性中"首选 DNS 服务器"地址设置为自己的 IP 地址：192.168.0.3。如果在网络上还提供其他 DNS 服务器服务，则在"备用 DNS 服务器"处输入另外一台 DNS 服务器的 IP 地址。

（2）在 Windows Server 2008 中，通过添加"角色"的方式来安装 DNS 服务器。选择"开始→程序→管理工具→服务器管理器"选项，在打开的窗口中选择"角色"选项，单击"添加角色"超链接，运行"添加角色向导"，单击"下一步"按钮，打开"选择服务器角色"对话框，如图 5-31 所示。选择"DNS 服务器"复选框，单击"下一步"按钮，出现"DNS 服务器简介"对话框，单击"下一步"按钮，出现"确认安装选择"对话框，单击"安装"按钮，系统开始自动安装相应服务程序，如图 5-32 所示。

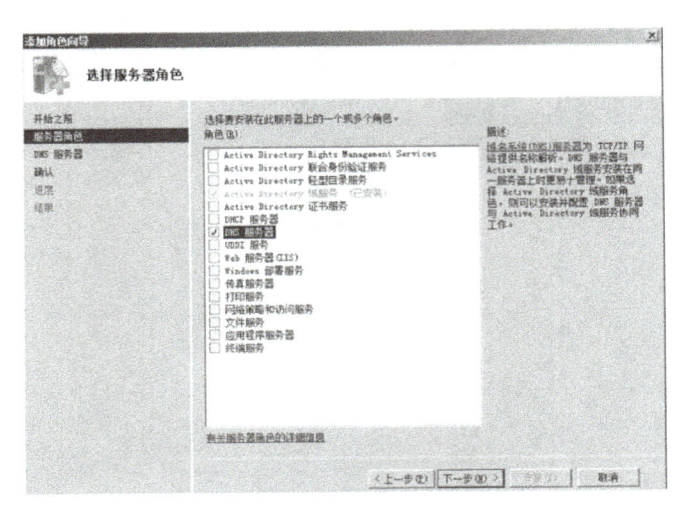

图 5-31　选择服务器角色

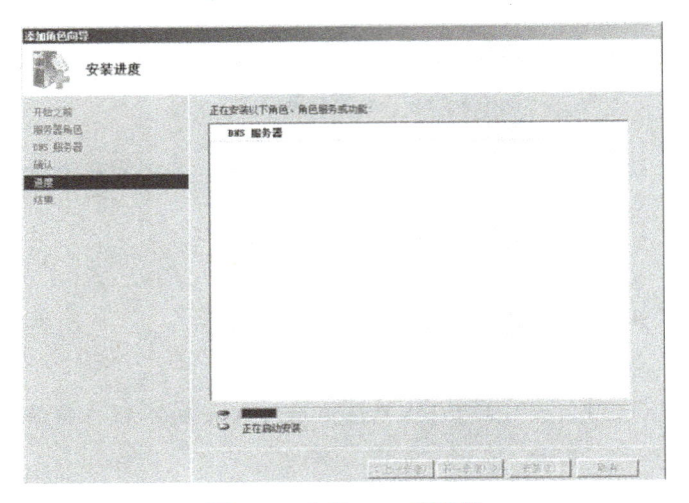

图 5-32　安装 DNS 服务器

（3）安装完成后，运行"管理工具"中的 DNS 管理控制台，打开 DNS 管理器窗口，如图 5-33 所示。选取要创建区域的 DNS 服务器，右击"正向查找区域"，在弹出的快捷菜单中选择"新建区域"选项，打开"欢迎使用新建区域向导"对话框，单击"下一步"按钮继续。选择要建立的区域类型，这里选择"主要区域"，单击"下一步"按钮继续。

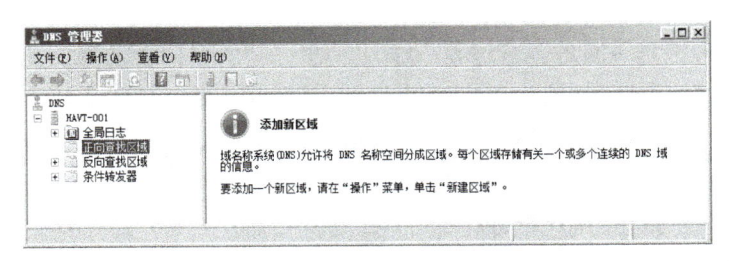

图 5-33　DNS 管理器窗口

（4）在出现的如图 5-34 所示的"区域名称"对话框中，输入新建主区域的区域名称，如 ok.com，单击"下一步"按钮继续，文本框中会自动显示默认的区域文件名。如果不接受默认的名称，也可以输入想要的名称。

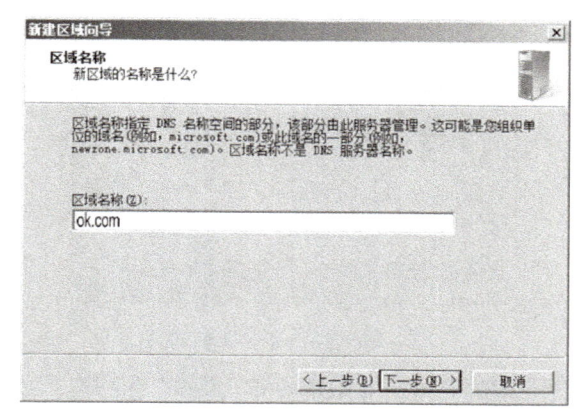

图 5-34　输入区域名称

根据安装向导提示，选择默认值，最后出现总结对话框，单击"完成"按钮，结束区域添加。

（5）新创建的主区域显示在所属 DNS 服务器的列表中，DNS 管理器将为该区域创建两个记录，如图 5-35 所示。一个是"起始授权机构（Start of Authority，SOA）"记录，描述了这个区域中的 DNS 服务器是哪一台主机，本例中 DNS 主机名为 havt-001；另一个是"名称服务器（Name Server，NS）"记录，描述了这个区域的 DNS 服务器是哪一台主机，这里同样是 havt-001。服务器使用所创建的区域文件保存这些资源记录。

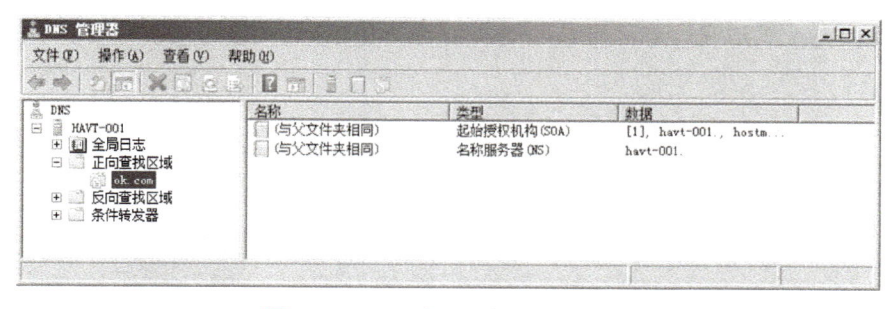

图 5-35　DNS 自动添加的资源记录

（6）以添加 WWW 服务器的主机记录为例，选中要添加主机记录的主区域，如 ok.com，右击"新建主机"选项，打开如图 5-36 所示的对话框，在"名称"文本框中输入新添加的计算机的名字，如 www，在"IP 地址"文本框中输入相应的主机 IP 地址。

（7）单击"完成"按钮关闭对话框，会在"DNS 管理器"中增添相应的记录，如图 5-37 所示，表示主机 www 的 IP 地址为 192.168.0.3。由于计算机名为 www 的主机添加在 ok.com 区域下，所以网络用户可以直接使用 www.ok.com 访问 192.168.0.3 主机。

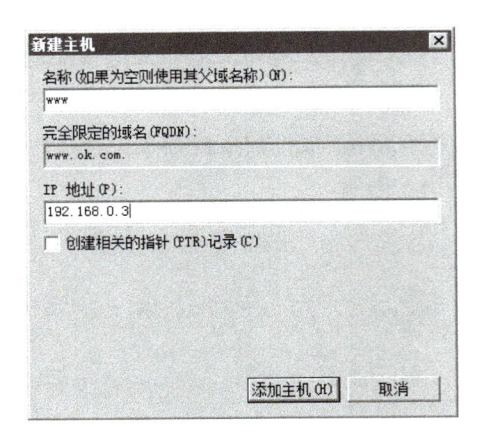

图 5-36　输入新建主机信息

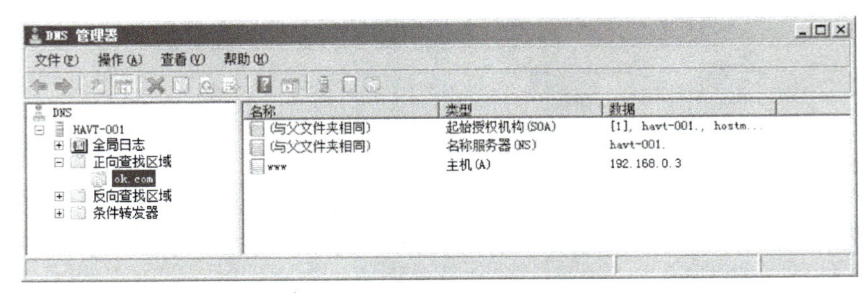

图 5-37　添加 A 记录

（8）在此之前该服务器已配置为 Web 服务器，在浏览器地址栏输入 http://192.168.0.3 即可访问测试网页。现在在地址栏输入 www.ok.com 后按回车键，同样显示测试网页，表示 DNS 服务器配置成功。

思考与练习 5

一、填空题

1．按外形结构划分，服务器可分为＿＿＿＿＿＿、刀片式服务器、＿＿＿＿＿＿和机柜式服务器。

2．由于需要提供高可靠的服务，所以服务器在处理能力、稳定性、可靠性、安全性、可扩展性、可管理性等方面要求较＿＿＿＿＿＿。

3．网络服务器操作系统一般采用＿＿＿＿＿＿、Linux、NetWare，但也有一部分采用 UNIX 操作系统。

4．＿＿＿＿＿＿是控制和管理计算机硬件和软件资源、合理地组织计算机工作流程并方便用户使用的程序集合，其是计算机和用户之间的接口。

5．_____是一套免费使用和自由传播的类 UNIX 操作系统，可以任意修改其源代码。

6．除 Windows Server 2008 中自带的虚拟化技术 Hyper-V 以外，常见的虚拟机软件还有 VMware Workstation 和_____。

7．_____，原名 WindowsNT5.0，其结合了 Windows 98 和 Windows NT 4.0 的很多优良功能和性能，超越了 Windows NT 的原来含义。

8．默认情况下，Web 站点会自动绑定计算机中的所有 IP 地址，端口默认为_____。

9．与工作组一样，域也是一组联网的计算机集合，与工作组不同的是，用户对域资源（网络用户、打印机、网络文件资源等）的所有访问都由该域中的某个计算机授权监控，这个计算机称为_____。

10．在 Windows Server 2008 中，通过添加_____的方式来安装 DNS 服务器。

二、简答题

1．服务器是如何分类的？

2．服务器操作系统有哪几种？

3．服务器操作系统主要提供哪几项网络服务？

4．Linux 操作系统有哪些优点？

5．在 Windows Server 2008 中如何添加各项网络服务？

模块 6 网络安全

6.1 网络安全概述

互联网时代的到来给人们带来了极大的便利，与此同时，每一个网络用户又要面对 Internet 开放带来的网络安全威胁。如何保护机密信息不受病毒威胁和黑客入侵窥探，已成为政府机构、企事业单位信息化健康发展所要考虑的重要问题之一。

网络安全从其本质上来讲就是网络上的信息安全，其涉及的领域相当广泛。这是因为在目前的公用通信网络中存在各种各样的安全漏洞和威胁。凡是涉及网络上信息保密性、完整性、可用性、真实性和可控性的相关技术及理论都是网络安全所要研究的领域。

网络安全性风险主要有四种基本的安全性威胁：信息泄露、完整性破坏、拒绝服务、非法使用。目前，计算机互联网络面临的安全性威胁主要表现在以下几个方面。

1. 非法访问和破坏

没有预先经过同意就使用网络或计算机资源被看作非授权访问，如有意避开系统访问控制机制，对网络设备及资源进行非正常使用，或擅自扩大权限，越权访问信息。非法访问和破坏的主要形式有假冒、身份攻击、非法用户进入网络系统进行违法操作、合法用户以未授权方式进行操作等。操作系统总免不了存在这样那样的漏洞，一些人就利用系统的漏洞进行网络攻击，其主要目的就是对系统数据的非法访问和破坏。

2. 拒绝服务攻击

拒绝服务攻击是一种使网络丧失服务功能的破坏性攻击，最早的拒绝服务攻击是"电子邮件炸弹"，它能使用户在很短的时间内收到大量电子邮件，使用户系统不能处理正常业务，严重时会使系统崩溃、网络瘫痪。它不断对网络服务系统进行干扰，改变其正常的作业流程，执行无关程序，使系统响应减慢甚至瘫痪，从而影响用户的正常使用，甚至使合法用户被排斥而不能进入计算机网络系统或不能得到相应的服务。图 6-1 所示是一款进行拒绝服务攻击软件的运行界面，黑客可以控制与其连接的大批量计算机，同时攻击某个网站或网页，使网页的显示速度明显变慢，甚至完全不能显示。

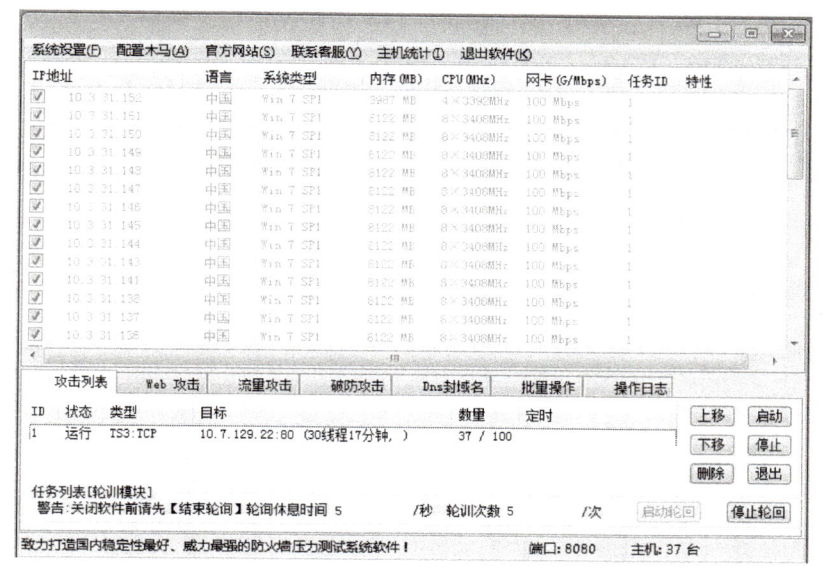

图 6-1　拒绝服务攻击软件的运行界面

3．计算机病毒

　　计算机病毒就是一段具有破坏性的代码程序，代码不同，其破坏性也不同。单机病毒已经让人们"谈毒色变"了，而通过网络传播的病毒，无论是在传播速度、破坏性方面，还是在传播范围等方面都是单机病毒不能比拟的。图 6-2 所示是近年危害极大的勒索病毒在计算机运行后出现的症状，计算机内所有文件和快捷方式都变成不能运行的文件类型，每个含有文件的文件夹内都有一封可以用 IE 浏览器打开的勒索邮件，此病毒比前几年曾出现的熊猫烧香病毒的危害更可怕。

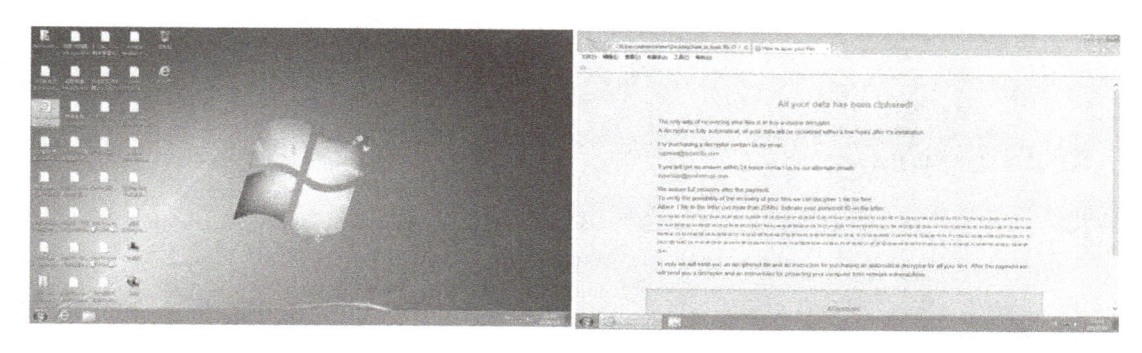

图 6-2　勒索病毒

4．特洛伊木马

　　特洛伊木马的名称来源于古希腊的神话故事。特洛伊程序一般由编程人员编制，它提供了用户所不希望的功能，这些额外的功能往往是有害的，这些预谋的有害功能被隐藏在公开的功能中，以掩盖其真实企图。图 6-3、图 6-4 所示是黑客远程控制计算机和手机的两个木马程序界面，从这两个界面中不难看出，黑客拥有了这两台设备的完全控制权。

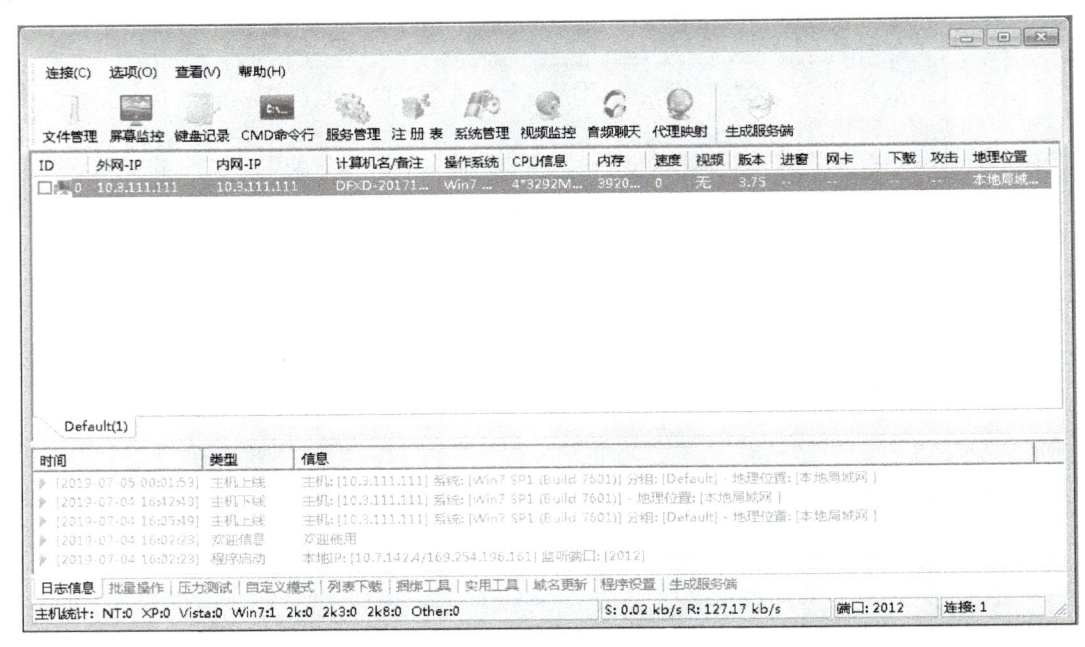

图 6-3　黑客远程控制计算机的木马程序界面

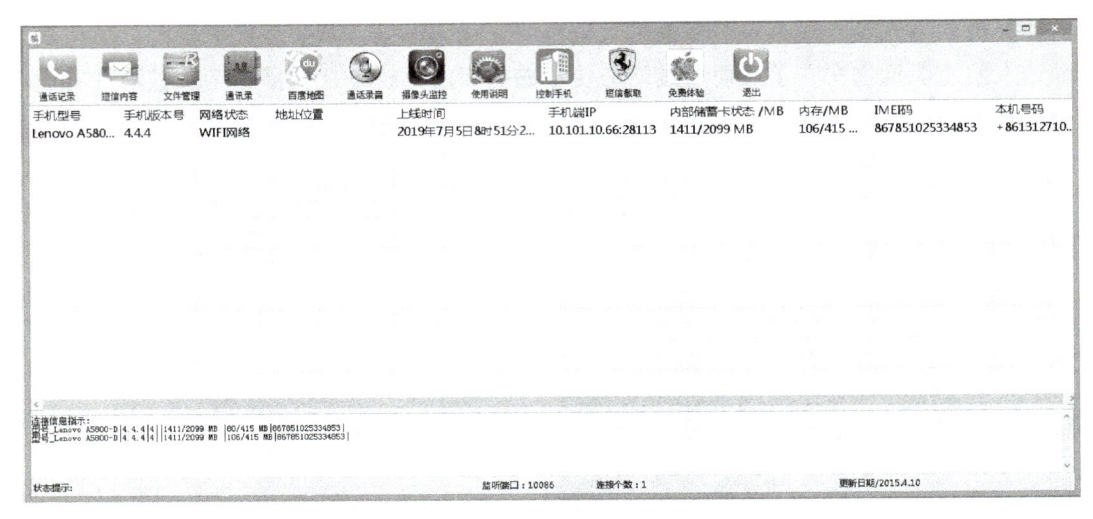

图 6-4　黑客远程控制手机的木马程序界面

5．蠕虫

蠕虫是一个或一组程序，它可以通过网络从一台机器向另一台机器传播，尤其在局域网中，它不需要修改宿主程序就能传播，这一点与病毒不同。

6．后门

后门一般是指一些内部程序员为了特殊的目的，在所编制的程序中潜伏代码或保留漏洞，为攻击者提供"后门"。

7．隐蔽通道

隐蔽通道是一种允许以违背合法的安全策略的方式进行操作系统进程间通信（IPC）的通道，它分为隐蔽存储通道和隐蔽时间通道。

6.2 病毒防范

早在 1949 年就有人曾在一篇论文中勾勒了计算机病毒的概念:"一种能够在内存中自我复制的计算机程序"。计算机病毒就是一个可复制的恶意程序,或者说是一段可执行的恶意代码。目前几乎所有的反病毒软件都能够查杀计算机病毒,也可以查杀木马、蠕虫等其他恶意代码,广义上讲,这些恶意代码可以统称为病毒。

计算机病毒在《中华人民共和国计算机信息系统安全保护条例》中明确定义为:"指编制者在计算机程序中插入的,破坏计算机功能或者破坏数据、影响计算机使用,并能自我复制的一组计算机指令或者程序代码",其特征为传染性、隐蔽性、破坏性、潜伏性。

在互联网上,由于网络资源的特点是共享,一旦共享资源感染了计算机病毒,则网络上各节点间的信息频繁传输会将计算机病毒迅速传染到所共享计算机上,从而形成多种共享资源的交叉感染。此时病毒的危害不再只是来自共享的磁盘,它可以通过 E-mail、Web 下载和网络服务器等途径更直接地进入个人计算机,往往在不知不觉中用户的数据便遭到破坏。借助互联网工具,网络病毒的传播、再生和发作将造成比单机病毒更大的危害。

计算机病毒经过几代的发展,在功能方面日趋高级,例如,某些病毒可以逃避检测,有的甚至可以躲开病毒扫描和反病毒软件。另外,现在的很多计算机病毒还具有"变异"功能。

由于计算机反病毒软件的发展往往滞后于病毒的发展,因此,单纯依靠反病毒软件是不能保证计算机不受病毒侵害的,做好计算机的病毒防范工作非常重要。

在计算机病毒感染和发作阶段,计算机一般会有如下表现。

(1) 平时运行正常的计算机突然无缘无故地死机或重启。

病毒感染了计算机系统后,其自身驻留在系统内并修改中断处理程序等,从而引起系统工作不稳定,造成死机或重启现象的发生。

(2) 操作系统无法正常启动。

关机后再启动,操作系统报告缺少必要的启动文件或启动文件被破坏,使系统无法启动。这很可能是由于计算机病毒感染系统文件后使文件结构发生变化,无法被操作系统加载或引导造成的。

(3) 运行速度明显变慢。

在硬件设备没有损坏或更换的情况下,原本运行速度很快的计算机,运行同样应用程序时,速度明显变慢,并且重启后依然很慢。这很可能是由于病毒占用了大量系统资源,并且其自身的运行占用了大量的处理器时间,从而造成系统资源不足,运行速度变慢。

（4）以前能正常运行的应用程序经常发生死机或非法错误。

在硬件和操作系统没有改动的情况下，以前能够正常运行的应用程序产生非法错误和死机的情况明显增加，这可能是由于病毒感染应用程序后，破坏了应用程序本身的正常功能，或者是由病毒程序本身存在兼容性方面的问题造成的。

（5）系统文件的时间、日期、大小发生变化。

这是最明显的计算机病毒感染迹象。计算机病毒感染应用程序文件后，会将自身隐藏在原始文件的后面，文件大小会有所增加，文件的访问、修改日期和时间也会被改成被病毒感染时的时间，尤其是对那些除非是进行系统升级或打补丁，在绝大多数情况下都不会修改的系统文件。但对应用程序使用到的数据文件的大小和修改日期的改变，并不一定是计算机病毒在作怪。

（6）磁盘空间迅速减少。

没有安装新的应用程序，但系统可用的磁盘空间却减小得很快，这可能是由于计算机病毒感染造成的。需要注意的是，经常浏览网页、回收站中的文件过多、临时文件夹下的文件数量过多且过大，以及计算机系统有过意外断电等情况出现时，也可能造成可用的磁盘空间迅速减小。

（7）硬盘灯不断闪烁

硬盘灯闪烁说明有硬盘读写操作。当对硬盘有持续大量的操作时，硬盘灯就会不断闪烁，如格式化或写入巨大的文件。有时候在对某个硬盘扇区或文件反复读取的情况下也会造成硬盘灯不断闪烁。有的计算机病毒会在发作的时候对硬盘进行格式化或写入许多垃圾文件，或者反复读取某个文件，致使硬盘上的数据遭到破坏，具有这类现象的计算机病毒大多是恶性计算机病毒。

（8）Windows 桌面图标发生变化。

这一般也是恶作剧式计算机病毒发作时的表象。把 Windows 默认的图标改成其他样式，或者将其他应用程序、快捷方式的图标改成 Windows 默认图标样式，从而起到迷惑用户的作用。

（9）自动发送电子邮件。

大多数电子邮件病毒采用自动发送邮件的方法作为传播手段，也有的电子邮件病毒在某一特定时刻向同一个邮件服务器发送大量无用信件，以阻塞该邮件服务器的正常服务功能。

计算机病毒防护要从防毒、查毒、杀毒三个方面进行。许多用户没有养成良好的计算机系统升级、维护习惯，这是计算机受病毒感染率高的主要原因。只要养成良好的预防病毒意识，并充分发挥反病毒软件的防护能力，完全可以将大部分病毒拒之门外。计算机病毒的传播主要以磁盘、网络等为传播媒介，因此预防计算机病毒的入侵主要从管理入手，要在以下几个方面加以注意。

- 对比较重要的文件进行备份保护，一旦感染病毒可以用备份文件进行恢复。
- 不运行来历不明的软件。

- 网上下载的文件经查毒后方可打开。
- 不打开来历不明的 E-mail，更不要打开它的附件。
- 尽量不访问不明网站，不单击网上的不明链接。
- 网上即时聊天时，不打开陌生人发来的链接，不接收陌生人传送的文件。
- 及时检测操作系统漏洞，及时打上补丁。
- 安装反病毒软件，并定期升级。
- 安装防火墙，并根据网络安全新动向封堵某些特定端口。

随着病毒的不断演变，反病毒软件也越来越完善。目前，国内比较流行的杀毒软件有 360 杀毒软件、360 安全卫士、腾讯电脑管家等。杀毒软件在使用时，应注意及时更新病毒库，并打开实时反病毒监控功能。不轻易将提示为风险的软件添加到信任区，同时要经常检查信任区，确认是否有人将木马或病毒恶意添加进来。图 6-5 所示是 360 安全卫士的信任区。

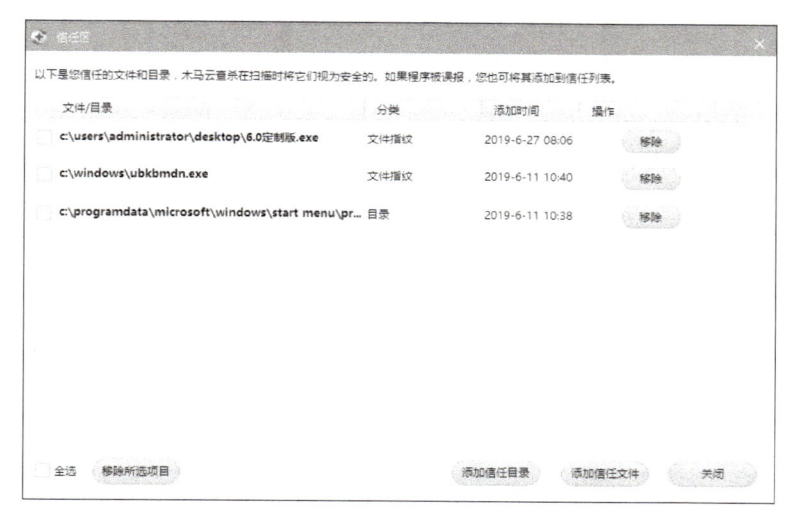

图 6-5　360 安全卫士的信任区

6.3　黑客防范

"黑客"一词由 Hacker 翻译而来，最早始于 20 世纪 50 年代，最早的黑客出现于美国麻省理工学院，他们一般是一些高级技术人员，热衷于挑战、崇尚自由并主张信息共享，专门研究、发现计算机和网络的漏洞。

到了今天，黑客一词已经被用于那些专门利用计算机进行破坏或入侵他人的代名词。对这些人正确的叫法应该是 Cracker，有人也翻译成"骇客"。黑客被认为是在网络上进行破坏的人。

一般来说，黑客网络攻击主要有以下几种方式。

（1）端口扫描。

一个端口就是一个潜在的通信通道，也就是一个入侵通道。对目标计算机进行端口扫描能得到许多有用的信息。扫描的方法有很多，可以手工进行，也可以用端口扫描软件进行。手工扫描需要黑客熟悉各种命令，并对命令执行后的输出进行分析。用扫描软件扫描时，许多扫描软件有分析数据的功能。通过端口扫描，可以从得到的有用信息中发现系统的安全漏洞。

常见的扫描软件有超级网络邻居IPbook、ScanPort、X-scan等。例如，应用IPbook可以扫描某个网段的在线主机，或在线主机某些指定端口的开放情况；应用ScanPort可以扫描某台网络主机全部或部分端口的开放情况。

（2）密码破解。

通过破解获得系统管理员密码，进而掌握服务器的控制权是黑客入侵的一个重要手段。破解获得管理员密码的方法有很多，下面是三种最为常见的方法。

- 猜解简单密码：又称社会工程学。很多人会使用自己或家人的生日、电话号码、房间号码、简单数字或身份证号码中的几位作为密码；也有的人使用自己、孩子、配偶或宠物的名字作为密码；还有的系统管理员甚至不设密码。这样黑客很容易通过猜想得到密码。

- 字典攻击：如果猜解简单密码攻击失败后，黑客开始试图字典攻击，即利用程序尝试字典中单词的每种可能组合。字典攻击可以利用重复的登录或搜集加密的密码，并且试图同加密后的字典中的单词匹配。黑客通常利用一个英语词典或其他语言的词典，有时也使用附加的各类字典数据库，如名字和常用的密码。

- 暴力猜解：同字典攻击类似，黑客尝试所有可能的字符组合方式。一个由4个小写字母组成的密码可以在几分钟内被破解，而一个较长的由大、小写字母组成的密码，包括数字和标点的，其可能的组合达10万亿种。如果每秒可以试100万种组合，则可以在一个月内破解。

（3）特洛伊木马。

特洛伊木马名称源于古希腊的特洛伊木马神话，传说希腊人围攻特洛伊城，久久不能得手，后来想出了一个木马计：让士兵藏匿于巨大的木马中，大部队假装撤退而将木马"丢弃"于特洛伊城外，让敌人将其作为战利品拖入城内。木马内的士兵乘夜晚敌人庆祝胜利而放松警惕的时候从木马中爬出来，与城外的部队里应外合攻下了特洛伊城。

特洛伊木马是一个包含在合法程序中的非法程序，该非法程序被用户在不知情的情况下执行。一般的木马程序包括客户端和服务端两个程序，其中，客户端程序用于攻击者远程控制植入木马的机器，服务器端程序即是木马程序。

目前木马入侵的主要途径是通过邮件附件、下载软件等，把木马执行文件复制到被攻击者的计算机系统里，然后通过一定的提示故意误导被攻击者打开并执行文件。例如，将木马执行文件伪装成朋友送的贺卡，可能在打开这个文件后确实有贺卡的画面出现，但这时木马已经悄悄在后台运行了。一般的木马执行文件非常小，大部分是几千字节到几十千字节，如果把木马捆绑到其他正常文件上，用户很难发现。有些网站提供的软件下载往往是捆绑了木马文件的，用户执行这些下载文件时，同时运行了木马。

木马也可以通过 Script、ActiveX 及 Asp.CGI 交互脚本的方式植入。由于微软的浏览器在执行 Script 脚本时存在一些漏洞，攻击者可以利用这些漏洞传播病毒和木马，甚至直接对浏览者的计算机进行文件操作等控制。

当服务器端程序在被感染的机器上成功运行以后，攻击者就可以使客户端与服务器端建立连接，并进一步控制被感染的机器。在客户端和服务器端通信协议的选择上，绝大多数木马使用的是 TCP/IP 协议，但是也有一些木马由于特殊原因，使用 UDP 协议进行通信。当服务器端程序在被感染机器上运行以后，它一方面尽量把自己隐藏在计算机的某个角落里面，以防被用户发现；同时监听某个特定端口，等待客户端与其取得连接；另外，为了下次重启计算机时仍然能正常工作，木马程序一般会通过修改注册表或其他方法让自己成为自启动程序。

（4）缓冲区溢出攻击。

缓冲区是程序运行时机器内存中的一个连续块，其保存指定类型的数据。大多时候为了不占用太多的内存，一个有动态分配变量的程序在运行时才决定给它们分配多少内存。如果给程序在动态分配缓冲区放入超长数据，它就会溢出了。

缓冲区溢出是非常普遍和危险的漏洞，并在各种操作系统、应用软件中广泛存在。将一个超过缓冲区长度的字符串复制到缓冲区，就会造成溢出。溢出发生时会出现两种后果：一是过长的字符串覆盖了相邻的存储单元，引起程序运行失败，严重的可引起死机、系统重新启动等；二是利用这种漏洞可以执行任意指令，甚至可以取得系统特权，如使用一类精心编写的程序，可以很轻易地取得系统的超级用户权限。

人为的缓冲区溢出是有一定企图的，黑客写一个超过缓冲区长度的字符串，然后植入缓冲区。缓冲区溢出成为远程攻击的主要手段，其原因在于缓冲区溢出漏洞给予黑客所想要的一切：植入并执行攻击代码。被植入的攻击代码以一定的权限运行有缓冲区溢出漏洞的程序，从而得到被攻击主机的控制权。

缓冲区溢出攻击指的是一种系统攻击的手段。据统计，通过缓冲区溢出进行的攻击占所有系统攻击总数的 80%以上。

（5）拒绝服务攻击。

从因特网诞生以来，拒绝服务攻击就伴随着因特网的发展而一直存在，并在不断地发展和升级。近来国内多家大型网站受到拒绝服务攻击，有的甚至还影响了 Web 服务的提供。人们每年都会见到很多大网站受到拒绝服务攻击的例子。

拒绝服务是一种技术含量低、攻击效果明显的攻击方法，受到攻击时，服务器在长时间内不能提供服务，使合法用户不能得到服务。分布式拒绝服务攻击的影响特别明显，并且难以找到真正的攻击源，以及很难找到行之有效的解决方法。

通常黑客利用 TCP/IP 中的某种漏洞，或者系统存在的某些漏洞，对目标系统发起大规模攻击，使攻击目标失去工作能力，从而使系统不可访问，导致合法用户不能及时得到应得的服务或系统资源，如 CPU 处理时间与网络带宽等。其本质特征是延长正常应用服务的等待时间。

根据 TCP/IP 协议的原理，当客户端要和服务器端进行通信时，会经过请求/确认的方式进行联系，如用户登录服务器时，首先是用户传送信息要求服务器确认，服务器给予响应回复客户端请求，被确认后，客户端才能正式和服务器交流信息。在拒绝服务攻击情况下，黑客凭借虚假地址向服务器提交连接请求，当服务器回复信息时就送到这个虚假地址，但是服务器回传时却无法找到这个地址，根据 TCP/IP 连接原理，此时服务器会进行等待，达到超时设置时才会断开这个连接。如果攻击者传送多个这样的请求或利用多个站点同时传送这样的请求，那么服务器就会等待更长时间，这个过程周而复始，最终会导致服务器资源用尽、网络带宽用完、正常的服务请求不能被服务器处理及回复而形成服务器的拒绝服务。拒绝服务并不是服务器不接受服务，而是服务器太忙，不能及时响应请求，严重时会造成服务器死机，甚至导致整个网络瘫痪。客户就会认为是服务器拒绝给予服务。

（6）网络监听。

网络监听技术本来是提供给网络安全管理人员进行管理的工具，可以用来监视网络的状态、数据流动情况及网络上传输的信息等。当信息以明文的形式在网络上传输时，使用监听技术进行攻击并不是一件难事，只要将网络接口设置成监听模式，便可以源源不断地将网上传输的信息截获。网络监听可以在网上的任何一个位置实施，如局域网中的一台主机、网关上或远程网络的调制解调器之间等。

在局域网中实现监听的基本原理是：对于目前很流行的以太网协议，其工作方式是将要发送的数据包发往连接在一起的所有主机，包中包含应该接收数据包主机的正确地址，只有与数据包中目标地址一致的那台主机才能接收，但是当主机工作在监听模式下，无论数据包中的目标地址是什么，主机都将接收。

从网络攻击和入侵方式可以看出，防范黑客首先要提高安全意识，例如，设置密码要有一定的复杂度和长度；输入密码时要有良好的安全习惯，防止被他人有意或无意获取。从技术角度防止入侵和攻击的主要措施是利用访问控制技术、防火墙技术、入侵检测技术，并进行安全扫描、安全审计和安全管理。

6.4 防火墙技术

"防火墙"这个名称来自建筑行业，作为计算机网络安全防护系统之一的防火墙与传统意义上的"防火墙"之间有许多相似之处。建设大厦的过程中，"防火墙"被设计为用来防止火灾从大厦的一部分蔓延到另一部分的屏障,如图 6-6 所示。作为保护计算机网络的应用性安全技术,"防火墙"是一种隔离控制技术,就是在某个机构的网络和外界的不安全网络(如 Internet)之间设置屏障,阻止外界对信息资源的非法访问。

图 6-6 传统意义上的防火墙

(1)防火墙的概念。

防火墙是指设置在不同网络(如可信任的企业内部网和不可信的公共网)或网络安全域之间的一系列部件的组合,它是不同网络或网络安全域之间信息的唯一出入口,能根据企业的安全政策控制(允许、拒绝、监测)出入网络的信息流,并且本身具有较强的抗攻击能力。防火墙是提供信息安全服务、实现网络和信息安全的基础设施,其在网络中的位置如图 6-7 所示。

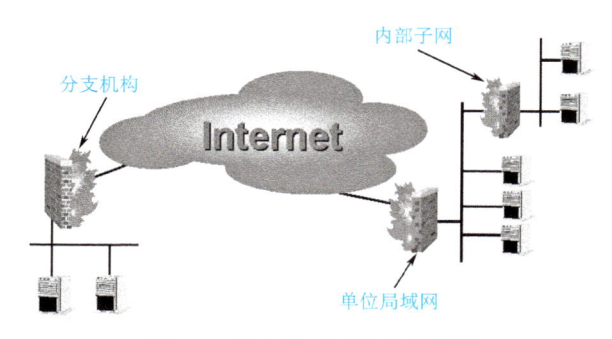

图 6-7 防火墙在网络中的位置

防火墙既可以由硬件或软件构成,也可以由硬件和软件共同构成。软件部分可以是专利软件、共享软件或免费软件,而硬件部分是指能支持软件运行的硬件。如果防火墙是硬件,那么这个硬件可能最多由一个路由器构成。路由器有先进的安全特性,包括过滤 IP 数据报的能力,这种过滤功能允许用户定义包含哪些 IP 地址的数据报可以通过防火墙,防火墙也可以单纯由软件实现进出网络数据的控制功能。

不管防火墙是怎样构成的,它们都有一个共同的特征:可以根据一些规则来拒绝某些网络访问行为。

(2)防火墙的局限性。

防火墙是应对网络威胁的极好的网络安全措施,但是它不能解决全部问题,某些威胁是防火墙力所不及的。

- 防火墙不能防范来自内部的攻击。防火墙可以禁止系统用户经过网络连接发送专有信息，但用户可以将数据复制到其他介质中带出去。如果入侵者来自防火墙内部，那么防火墙就无能为力了，内部用户可以破坏防火墙体系，巧妙地修改程序，从而避过防火墙。对于来自知情者的威胁只能加强内部管理，对用户进行安全教育。
- 防火墙不能防范不经由防火墙的攻击。防火墙能够有效地防止通过它进行传输的信息，不能防止不通过它进行传输的信息。如果允许从受保护网内部不受限制地向外拨号，一些用户就可以形成与 Internet 的直接连接，从而绕过防火墙，产生一个潜在的后门攻击渠道。这将使外部入侵者有可乘之机，防火墙就没有办法阻止入侵者进行入侵了。
- 防火墙不能防范新的网络安全威胁。防火墙可被用来防范已知的威胁，一个设计得好的防火墙能防备新的威胁，但没有一个防火墙能自动防御所有新威胁。
- 防火墙不能防范病毒。虽然防火墙会检查所有通过的信息，并决定是否允许它通过，但一般不会检查数据的确切内容。即使是最先进的数据包过滤，在病毒防范上也是不实用的，因为病毒的种类太多，有多种手段可使病毒隐藏在数据中。

（3）防火墙的种类。

防火墙的分类方式有多种。从实现原理上分，防火墙的技术包括四大类：包过滤防火墙、应用级网关、电路级网关和规则检查防火墙。它们之间各有所长，具体使用哪一种或是否混合使用，要看具体需要。

- 包过滤防火墙

包过滤防火墙一般基于源地址和目的地址、应用或协议及每个 IP 包的端口来做出通过与否的判断。一个路由器便是一个传统的包过滤防火墙，大多数路由器能通过检查这些信息来决定是否将所收到的包转发。

防火墙检查每一条规则直至发现包中的信息与某规则相符。如果包上的信息没有与任一条规则符合，防火墙就会使用默认规则，一般情况下，默认规则就是要求防火墙丢弃该包。另外，通过定义基于 TCP 或 UDP 数据包的端口号，防火墙能够判断是否允许建立特定的连接，如 Telnet、FTP 连接。

- 应用级网关

应用级网关能够理解应用层上的协议，能够做复杂一些的访问控制，它针对网络应用服务协议即数据过滤协议，能够对数据包分析并形成相关的报告。应用级网关对某些易于登录和控制所有输出/输入的通信的环境给予严格控制，以防有价值的程序和数据被窃取。在实际工作中，应用级网关一般由专用工作站系统来完成。

应用级网关有较好的访问控制，是目前最安全的防火墙技术，但实现比较困难。

- 电路级网关

电路级网关用来监控受信任的客户或服务器与不受信任的主机间的 TCP 握手信息，凭此来决定该会话（Session）是否合法。电路级网关是在 OSI 参考模型中会话层上过滤数据包的，因此比包过滤防火墙要高两层。

- 规则检查防火墙

该防火墙结合了包过滤防火墙、电路级网关和应用级网关的特点，其同包过滤防火墙一样，规则检查防火墙能够在 OSI 网络层上通过 IP 地址和端口号过滤进、出的数据包。它像电路级网关一样，能够检查 SYN 和 ACK 标记及序列数字是否逻辑有序，当然它也像应用级网关一样，可以在 OSI 应用层上检查数据包的内容，查看这些内容是否能符合企业网络的安全规则。

6.5 入侵检测系统概述

入侵检测（Intrusion Detection）是对入侵行为的检测，它通过收集和分析网络行为、安全日志、审计数据、其他网络上可以获得的信息，以及计算机系统中若干关键点的信息，检查网络或系统中是否存在违反安全策略的行为和被攻击的迹象。入侵检测作为一种积极主动的安全防护技术，提供了对内部攻击、外部攻击和误操作的实时保护，在网络系统受到危害之前拦截和响应入侵，因此被认为是防火墙之后的第二道安全闸门，在不影响网络性能的情况下对网络进行监测。

不同于防火墙，入侵检测系统（IDS）是一个监听设备，没有跨接在任何链路上，无须网络流量流经它便可以工作，因此，IDS 应当挂接在所有所关注流量都必须流经的链路上。在这里，"所关注流量"指的是来自高危网络区域的访问流量和需要进行统计、监视的网络报文。入侵检测系统在交换式网络中的位置一般选择在服务器区域的交换机上、Internet 接入路由器之后的第一台交换机上、重点保护网段的局域网交换机上等位置。

一般来说，入侵检测系统可分为基于网络型入侵检测系统和基于主机型入侵检测系统。

基于网络型入侵检测系统，主要用于检测黑客通过网络进行的入侵行为。基于网络型入侵检测系统在一台单独的机器上运行，以检测所有网络设备的通信信息，如交换机、路由器。网络管理员可对网络运行状态进行实时监控，以便随时发现可能的入侵行为，并进行具体分析，及时、主动地进行干预，从而取得防患于未然的效果。

基于主机型入侵检测系统专注于系统内部，监视系统全部或部分的动态行为及整个计算机系统的状态。不管是向内存、文件系统、日志文件还是其他地方存储信息，基于主机型入侵检测系统会一直监控系统状态。一个入侵者一般而言都会留下其入侵的痕迹，这样，基于主机型入侵检测系统能检测到这些系统信息状态的变化，并报告检测结果。

6.6　网络安全实训项目

实训任务一　练习使用网络管理常用 DOS 命令

【实训目的】

1．熟练掌握 ipconfig、ping 命令的使用；
2．了解 netstat、tracert、telnet 命令的基本使用方法。

【实训设备】

计算机网络环境、安装了 Windows 7 操作系统的 PC。

【实训步骤】

1．ipconfig 命令

ipconfig 可用于显示当前 TCP/IP 配置的设置值。这些信息一般用来检验人工配置的 TCP/IP 设置值是否正确。如果计算机和所在的局域网使用了 DHCP 获取 IP 地址，则这个命令所显示的信息更加实用，此时，ipconfig 可以让你了解你的计算机是否成功地租用到一个 IP 地址，如果租用到，则可以了解它目前分配到的是什么地址。了解计算机当前的 IP 地址、子网掩码和默认网关实际上是进行测试和故障分析的必要项目。

ipconfig——如使用 ipconfig 时不带任何参数选项，则它为每个已经配置了的接口显示 IP 地址、子网掩码和默认网关值。

ipconfig/all——当使用 all 选项时，ipconfig 能显示包含物理地址（MAC）在内的所有 IP 地址配置信息，如图 6-8 所示。

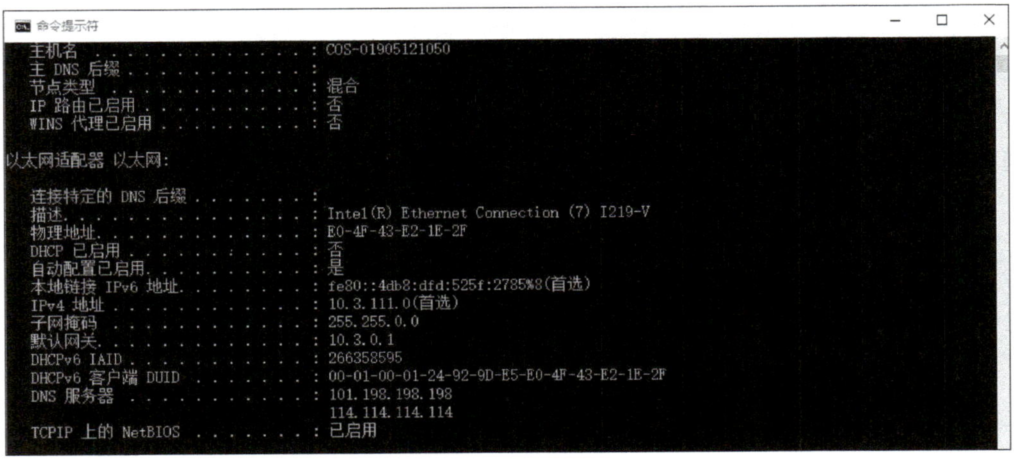

图 6-8　用 ipconfig/all 查看 IP 信息

ipconfig/release 和 ipconfig/renew——这是两个附加选项，只能在向 DHCP 服务器租用其 IP 地址的计算机上起作用。如果输入 ipconfig/release，则所有接口的租用 IP 地址便重新交付给 DHCP 服务器（归还 IP 地址）。如果输入 ipconfig/renew，则本地计算机便设法与 DHCP 服务器取得联系，并租用一个 IP 地址。大多数情况下网卡将被重新赋予和以前所赋予的相同的 IP 地址。

2．ping 命令

ping 命令是用来检查网络是否通畅及网络连接速度的命令。对于一个网络课程学习者来说，ping 命令是必须掌握的 DOS 命令，它所利用的原理是这样的：网络上的机器都有唯一确定的 IP 地址，给目标 IP 地址发送一个数据包，对方就要返回一个同样大小的数据包，根据返回的数据包可以确定目标主机的存在，可以初步判断目标主机的操作系统等，如图 6-9 所示。

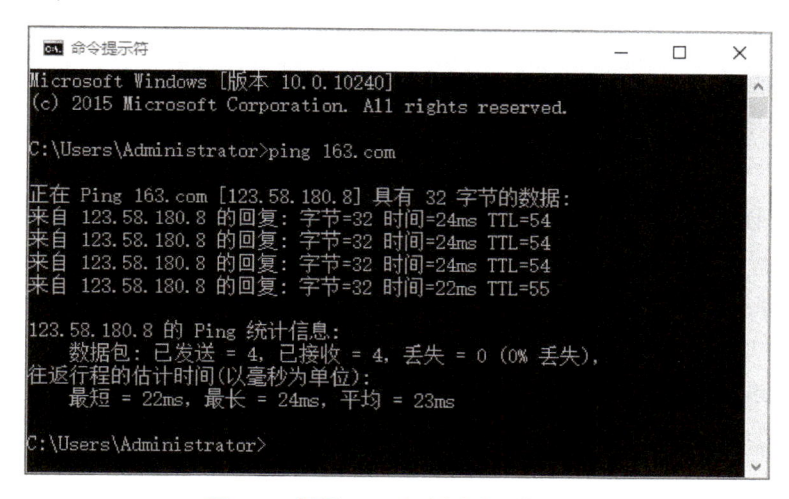

图 6-9　利用 ping 命令测试网络通断

ping 命令的使用格式及参数如下。

ping [-t] [-a] [-n count] [-l length] [-f] [-i ttl] [-v tos] [-r count] [-s count] [-j computer-list] | [-k computer-list] [-w timeout] destination-list

-t　不停地 ping 目的主机，直到按下"Ctrl+C"组合键中断。

-a　将地址解析为计算机名。

-n count　发送 count 指定的 ECHO 数据包数，默认值为 4。通过-n 选项可以定义发送数据包的个数，对衡量网络速度很有帮助。

-l length　发送包含由 length 指定的数据量的 ECHO 数据包，默认为 32B，最大值是 65 527B。在默认情况下，Windows 下的 ping 命令发送的数据包大小为 32B，也可以通过-l 选项定义它的大小，但上限只能发送 65 500B。由于 Windows 系统的安全漏洞，当向对方一次发送的数据包大于或等于 65 532B 时，对方就很有可能"宕"掉。

例如：

ping -l 65500 -t 192.168.25.123 意思为不停地向 IP 地址为 192.168.25.123 的计算机发送

大小为 65 500B 的数据包，表明此命令带有攻击性。

  pinging 192.168.25.123 with 65500 Bs of data:

  Reply from 192.168.25.123: Bs=65500 time<10ms TTL=254

  Reply from 192.168.25.123: Bs=65500 time<10ms TTL=254

  ……

这种攻击的后果是使目的主机网络资源枯竭，各种服务被中断。

-r count 在"记录路由"字段中记录传出和返回数据包的路由。

ping 检查连通性有 5 个步骤：

① 使用 ipconfig/all 观察本地网络设置是否正确。

② ping 127.0.0.1：127.0.0.1 表示回送地址，ping 命令回送地址是为了检查本地的 TCP/IP 协议有没有设置好。

③ ping 本机 IP 地址：为了检查本机的 IP 地址是否设置有误。

④ ping 本网网关或本网 IP 地址：这样做是为了检查硬件设备是否有问题，也可以检查本机与本地网络连接是否正常。（在非局域网中这一步骤可以忽略）

⑤ ping 远程 IP 地址。该步骤主要是检查本网或本机与外部的连接是否正常。

ping 的返回信息有"Request Timed Out""Destination Net Unreachable""Bad IP address"和"Source quench received"。在检查网络连通的过程中可能会出现一些错误，这些错误总的来说分为两种：

① Request Timed Out。

"Request Timed Out"表示可以到达对方主机，这种情况通常是由于对方拒绝接收你发给它的数据包造成数据包丢失。大多数原因可能是对方装有防火墙或已下线，还有就是本机的 IP 地址不正确或网关设置错误。

② Destination Host Unreachable

当在开始 ping 网络计算机时，如果网络设备出错，则返回信息会提示"Destination Host Unreachable"，这表示对方主机不存在或没有跟对方建立连接。

通过 ping 命令还可以判断目标主机系统的类型。通过 ping 回显应答的 TTL 值大小，可粗略地判断目标主机的系统类型是 Windows 还是 UNIX/Linux。一般情况下，Windows 系统返回的 TTL 值在 100~130，而 UNIX/Linux 系统返回的 TTL 值在 240~255。

3．netstat 命令

这是一个用来查看网络状态的命令，使用简便，功能强大。可以显示网络连接、路由表和网络接口信息，以及可以为用户提供目前有哪些网络连接正在运行。命令格式：

netstat [-a] [-b] [-e] [-n] [-o] [-p proto] [-r] [-s] [-v] [interval]

如图 6-10 所示是 netstat 命令的常用方式。

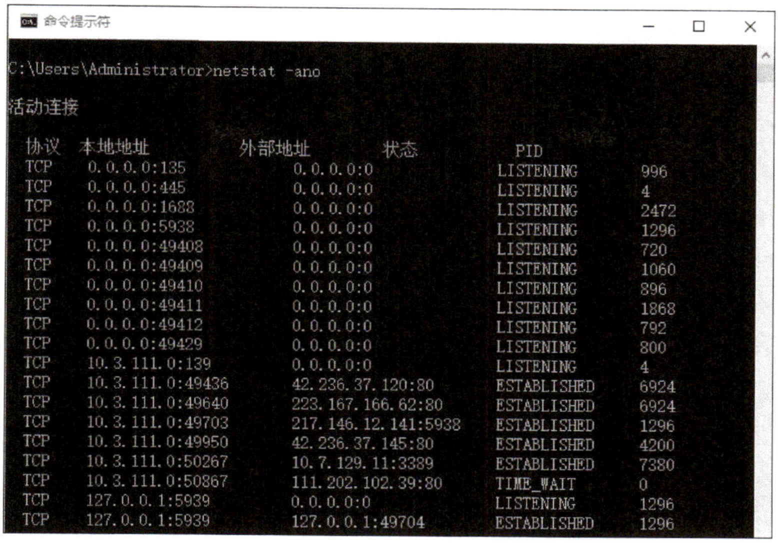

图 6-10　netstat 命令

4．tracert 命令

跟踪路由命令，使用此命令可以查出数据从本地机器传送到目标主机所经过的所有途径，这对了解网络布局和结构很有帮助。

通过向目标发送不同 IP 生存时间（TTL）值的"Internet 控制消息协议（ICMP）"回应数据包，tracert 诊断程序确定到目标所采取的路由。要求路径上的每个路由器在转发数据包之前至少将数据包上的 TTL 递减 1。数据包上的 TTL 减为 0 时，路由器应该将"ICMP 已超时"的消息发回源系统。

简单用法：tracert IP 地址（域名）。

应用举例：

C:\Documents and Settings\Administrator>tracert www.sina.com

Tracing route to jupiter.sina.com.cn [202.108.33.32]

over a maximum of 30 hops:

1 <1 ms <1 ms <1 ms 192.168.1.2

2 <1 ms <1 ms <1 ms 192.168.1.1

3 1 ms 1 ms <1 ms 192.168.120.254

4 <1 ms <1 ms * 192.168.100.1

5 2 ms 2 ms 3 ms 210.87.161.177

6 2 ms 2 ms 2 ms 210.87.128.189

7 * * * Request timed out.

8 1 ms 1 ms 1 ms 221.11.46.65

9 1 ms 2 ms 2 ms 123.139.1.25

10 2 ms 3 ms 2 ms 221.11.0.153

11 21 ms 21 ms 20 ms 219.158.16.161

12 21 ms 21 ms 22 ms 202.96.12.2
13 21 ms * 22 ms 61.148.143.26
14 21 ms 30 ms 21 ms 210.74.176.138
15 25 ms 21 ms 22 ms 202.108.33.32

Trace complete.

5．telnet 命令

telnet 是功能强大的远程登录命令。在成功以 administrator 身份连接到远程机器后，就可以对连接设备拥有完全控制权限。网络管理人员经常利用它对网络设备进行远程管理。

应用格式为：telnet IP 地址。

如图 6-11 所示为远程登录三层交换机的窗口界面。

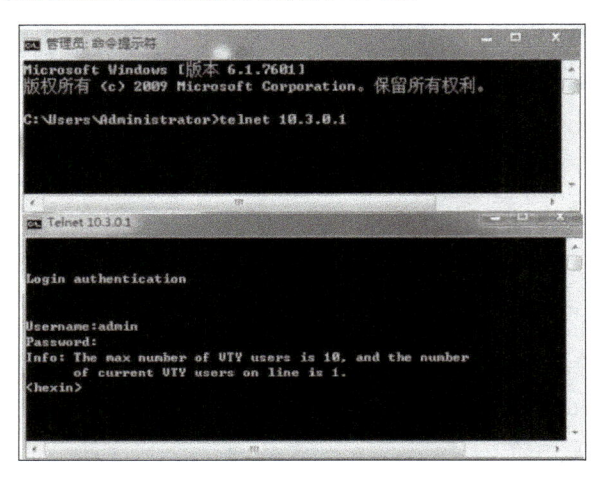

图 6-11　远程登录三层交换机的窗口界面

实训任务二　构建个人计算机安全防线

【实训目的】

1．练习打造个人计算机安全防线；

2．了解组策略和注册表的编辑；

3．学会 Windows 防火墙和第三方安全软件的使用方法。

【实训设备】

安装了 Windows 7 操作系统的 PC。

【实训步骤】

1．禁止默认共享

（1）先查看本地共享资源。

打开命令提示符界面，输入 net share 显示默认共享资源。

（2）删除共享（每次输入一个）。

net share admin$ /delete

net share c$ /delete

net share d$ /delete（如果有 e,f…可以继续删除）

（3）删除 ipc$ 空连接。

在"运行"窗口内输入 regedit，打开注册表，在注册表中找到 HKEY_LOCAL_MACHINE/SYSTEM/CurrentControSet/Control/LSA 项里数值名称为 RestrictAnonymous 的数据，将其由 0 改为 1。

（4）关闭自己的 139 端口，ipc 和 RPC 漏洞存在于此。

关闭 139 端口的方法是：在"打开共享和网络中心"中选择"更改适配器设置"，右击"本地连接"，在弹出的快捷菜单中选择"属性"选项，选择"Internet 协议版本 4（TCP/IPv4）"选项，单击"属性"按钮进入"高级 TCP/IP 设置"窗口，在"WINS 设置"里面勾选"禁用 TCP/IP 的 NETBIOS"复选项，关闭 139 端口，禁止 RPC 漏洞。

2．设置服务项，做好内部防御

打开"控制面板→管理工具服务"，根据实际需求，可关闭以下服务：

- Alerter　[通知选定的用户和计算机管理警报]
- ClipBook　[启用"剪贴簿查看器"储存信息并与远程计算机共享]
- Distributed File System　[将分散的文件共享合并成一个逻辑名称并共享，关闭后远程计算机无法访问共享]
- Distributed Link Tracking Server　[适用局域网分布式链接跟踪客户端服务]
- Human Interface Device Access　[启用对人体学接口设备（HID）的通用输入访问]
- IMAPI CD-Burning COM Service　[管理 CD 录制]
- Indexing Service　[提供本地或远程计算机上文件的索引内容和属性，泄露信息]
- Kerberos Key Distribution Center　[授权协议登录网络]
- License Logging　[监视 IIS 和 SQL，如果没安装 IIS 和 SQL 就停止]
- Messenger　[信使]
- NetMeeting Remote Desktop Sharing　[Netmeeting 公司留下的客户信息收集]
- Network DDE　[为在同一台计算机或不同计算机上运行的程序提供动态数据交换]
- Network DDE DSDM　[管理动态数据交换（DDE）网络共享]
- Print Spooler　[打印机服务，没有打印机可禁止]
- Remote Desktop Help Session Manager　[管理并控制远程协助]
- Remote Registry　[使远程计算机用户修改本地注册表]
- Routing and Remote Access　[在局域网和广域网提供路由服务，黑客会由路由服务刺探注册信息]
- Server　[支持此计算机通过网络的文件、打印和命名管道共享]
- Special Administration Console Helper　[允许管理员使用紧急管理服务远程访问命令

行提示符]
- TCP/IPNetBIOS Helper　[提供 TCP/IP 服务上的 NetBIOS 和网络上客户端的 NetBIOS 名称解析的支持而使用户能够共享文件、打印和登录到网络]
- Telnet　[允许远程用户登录到此计算机并运行程序]
- Terminal Services　[允许用户以交互方式连接到远程计算机]
- Windows Image Acquisition(WIA)　[图像采集服务]

3．本地组策略编辑

打开"运行"窗口，输入 gpedit.msc，确定后打开"本地组策略编辑器"，选择"计算机配置→Windows 设置→安全设置→本地策略→安全选项"，编辑以下项目。

（1）网络访问.不允许 SAM 账户的匿名枚举，启用。

（2）网络访问.可匿名的共享，将后面的值删除。

（3）网络访问.可匿名的命名管道，将后面的值删除。

（4）网络访问.可远程访问的注册表路径，将后面的值删除。

（5）网络访问.可远程访问的注册表的子路径，将后面的值删除。

（6）网络访问.限制匿名访问命名管道和共享。

（7）重命名来宾账户 guest [最好写一个自己能记住的中文名]。

（8）重命名系统管理员账户[建议取中文名]。

4．修改权限防止病毒或木马等破坏系统

因为目前的木马抑或是病毒都喜欢驻留在 system32 目录下，如果用命令限制 system32 的写入和修改权限，那么它们就没有办法写在里面了。打开命令提示符，输入命令：

cacls C:Windowssystem32 /G administrator:R　禁止修改、写入 C:Windowssystem32 目录

cacls C:Windowssystem32 /G administrator:F　恢复修改、写入 C:Windowssystem32 目录

类似的，也可以进行修改其他危险目录，比如，直接修改 C 盘的权限，但修改 C、写入后，安装软件时需先把权限恢复过来才行。

cacls C: /G administrator:R　禁止修改、写入 C 盘

cacls C: /G administrator:F　恢复修改、写入 C 盘

5．打造更安全的 Windows 防火墙

因为在系统安装好后，默认情况下，一般有默认的端口对外开放，黑客会利用扫描工具扫描哪些端口可以利用，这对安全是一种严重威胁，所以为了安全起见，只能开放必要的端口，如 FTP 服务是 TCP 的 21 号端口，HTTP 协议是 TCP 的 80 号端口，HTTPS 协议是 TCP 的 443 端口，远程桌面连接是 TCP 的 3389 号端口等。

6．安装第三方安全或杀毒软件

安装如 360 安全卫士、360 杀毒、腾讯电脑管家等第三方安全或杀毒软件，注意不要随意退出安全或杀毒软件，并慎重添加信任目录和文件，以免被黑客利用。

实训任务三　练习使用扫描软件辅助网络安全管理

【实训目的】

1．练习使用 IPbook、ScanPort、X-scan 扫描软件；

2．扫描本地主机所在网络中的在线主机；

3．扫描某一台主机的开放端口；

4．扫描一个网段内主机的系统漏洞。

【实训设备】

安装了 Windows 7 操作系统的 PC。

【实训步骤】

（1）运行超级网络邻居 IPbook，扫描指定网段的在线主机，如图 6-12 所示。

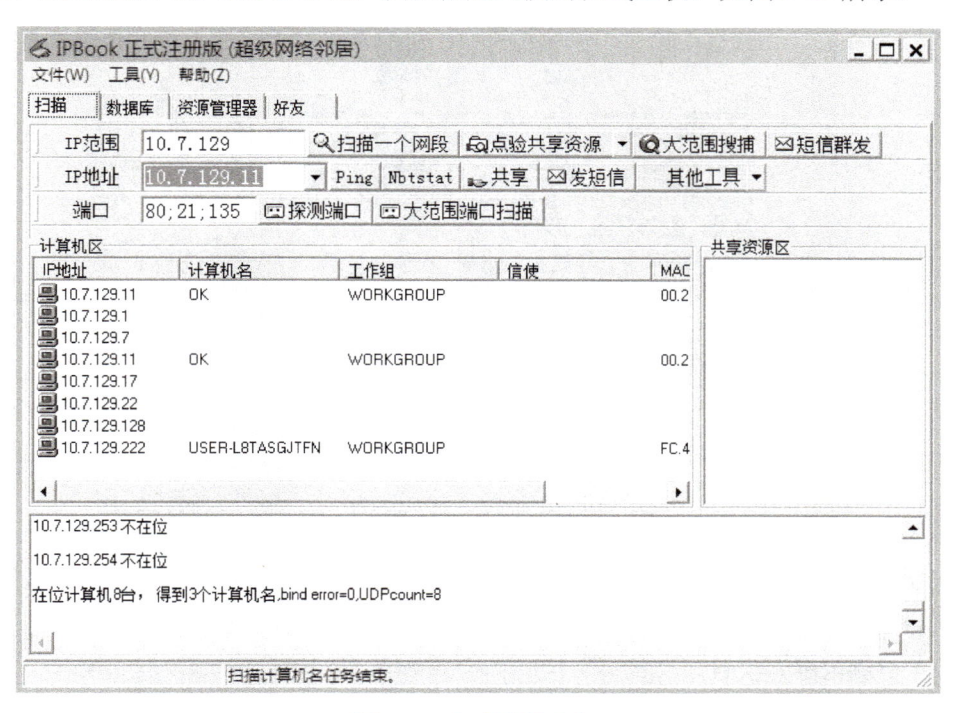

图 6-12　扫描在线主机

（2）单击"大范围端口扫描"按钮，练习扫描某一网段主机的某些指定端口的开放情况，如图 6-13 所示。

（3）运行 ScanPort，输入某一在线主机的 IP 地址，并输入要扫描的指定端口的范围，检查该主机的端口开放情况，如图 6-14 所示。

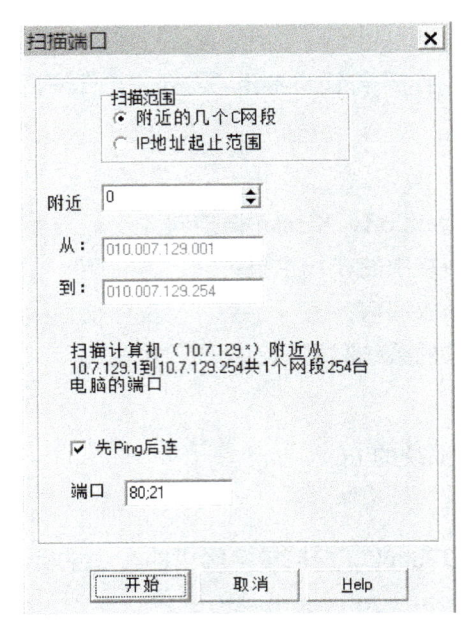

图 6-13　大范围扫描端口

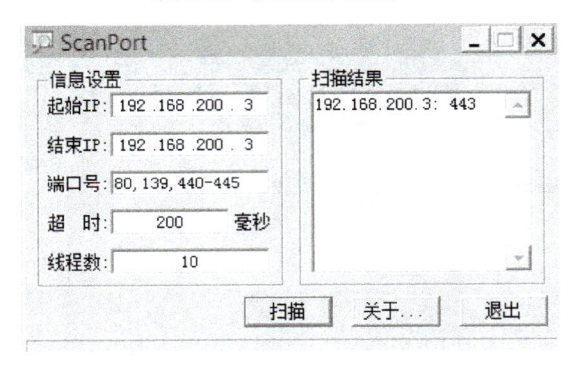

图 6-14　扫描指定主机的端口

（4）运行 X-scan。

X-scan 是绿色软件，无须安装，直接双击 xscan_gui.exe 文件即可运行。X-scan 运行后的界面如图 6-15 所示。

（5）"检测范围"设置。

单击"设置→扫描参数→检测范围"，出现如图 6-16 所示的界面。在这个界面中设置要扫描主机的 IP 地址。先扫描本机，在相应的文本框中输入本机 IP 地址：127.0.0.1。

（6）"扫描模块"设置。

"扫描模块"用于检测对方主机的一些服务和端口的情况，可以全部选择或只检测部分服务。在如图 6-16 所示的界面中，单击"全局设置→扫描模块"，出现如图 6-17 所示界面，这里全部选择。

模块 6　网络安全

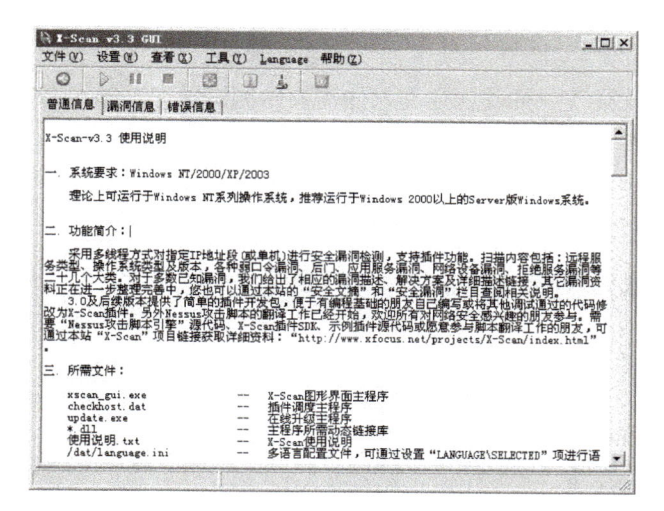

图 6-15　X-scan 的运行界面

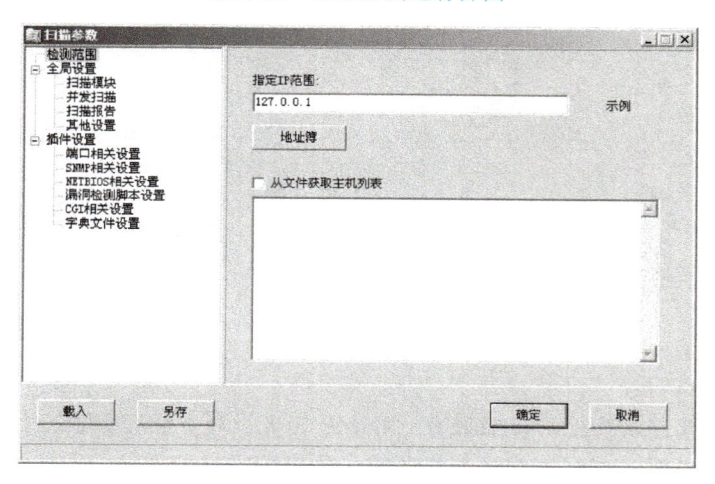

图 6-16　IP 地址设置

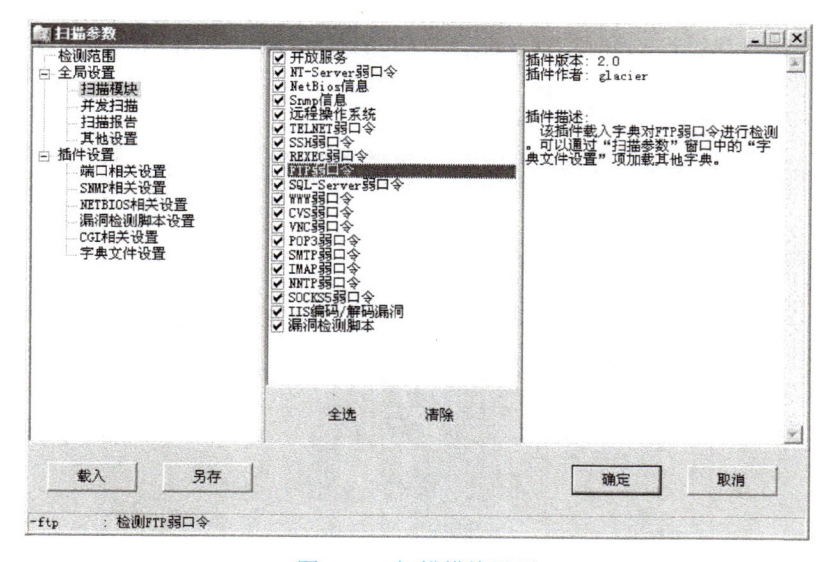

图 6-17　扫描模块设置

（7）端口相关设置。

在"端口相关设置"中可以自定义一些需要检测的端口。检测方式有"TCP""SYN"两种。TCP 方式容易被对方发现，但准确性要高一些，SYN 则相反。在如图 6-16 所示的界面中，单击"插件设置→端口相关设置"，出现如图 6-18 所示界面，在这个界面中设置要扫描的端口。本实训采用默认设置。

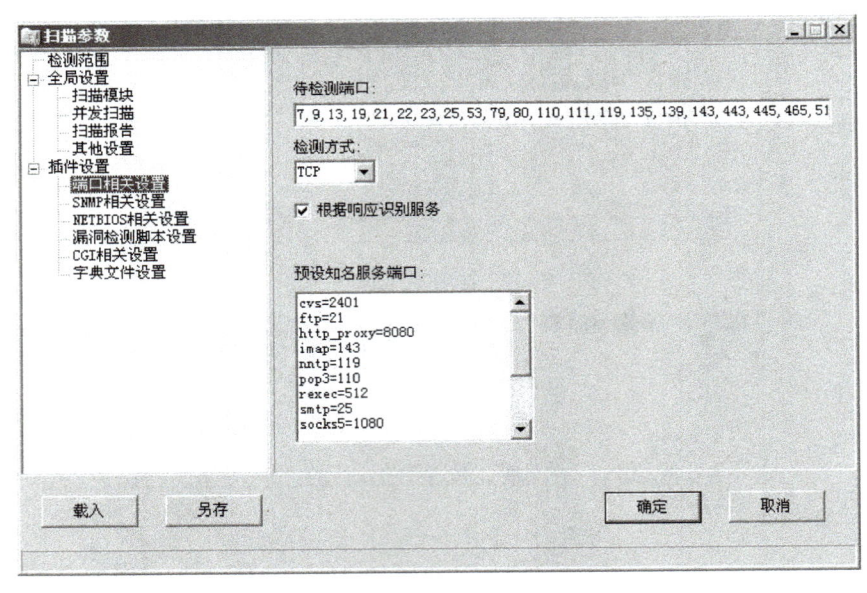

图 6-18　端口相关设置

（8）其他设置。

其他设置，如并发扫描、扫描报告、SNMP 相关设置、NETBIOS 相关设置、CGI 相关设置、字典文件设置、漏洞检测脚本设置等，均采用默认设置。

（9）开始扫描。

单击"文件→开始扫描"，X-SCAN 会对要扫描的主机进行详细检测，如图 6-19 所示。

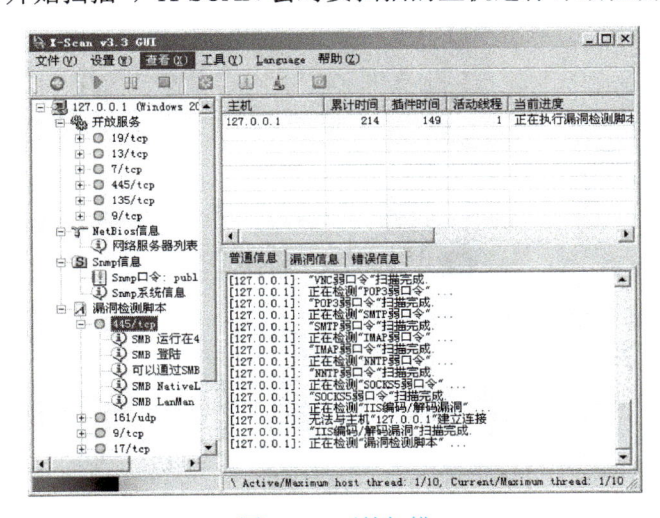

图 6-19　开始扫描

(10) 扫描结束。

在扫描过程中，如果检测到了漏洞，可以在"漏洞信息"中查看。扫描结束后会自动弹出检测报告，包括漏洞的风险级别和详细信息，从中可以对被扫描主机进行详细分析。检测报告如图 6-20 所示。

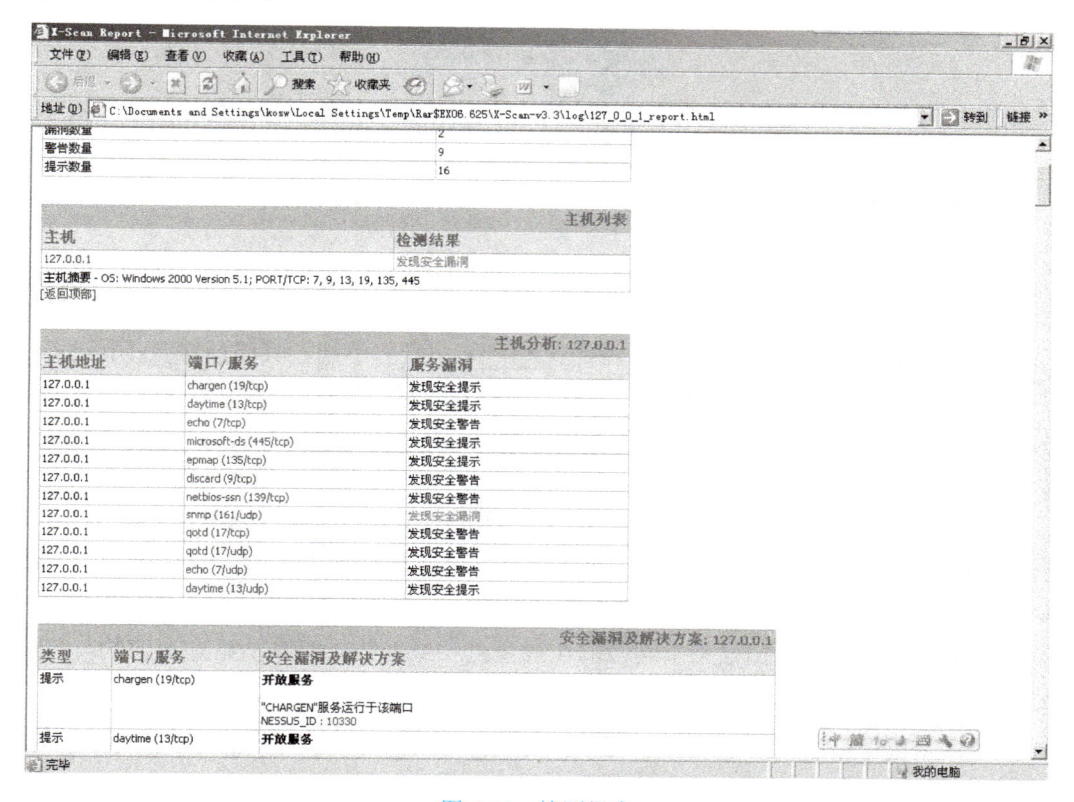

图 6-20　检测报告

(11) 扫描一个内网网段。

单击"设置→扫描参数→检测范围"，出现如图 6-21 所示的界面。在这个界面中设置要扫描的网段 IP 地址，重复步骤 3～步骤 7，查看被扫描网段上的主机漏洞。

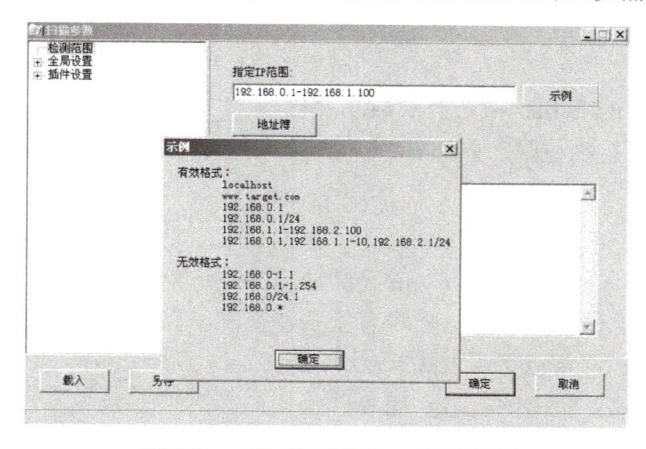

图 6-21　要扫描网段的 IP 地址设置

（12）分析检测报告。

通过图书馆查阅资料、网上搜索等方式，分析如何封堵检测到的系统漏洞。

思考与练习 6

一、填空题

1．网络安全性风险主要有四种基本的安全威胁：_____、完整性破坏、_____、非法使用。

2．计算机病毒就是一段具有破坏性的_____，代码不同，其破坏性也不同。

3．_____的名称来源于古希腊的神话故事。特洛伊程序一般是由编程人员编制，它提供了用户所不希望的功能，这些额外的功能往往是有害的，这些预谋的有害功能被隐藏在公开的功能中，以掩盖其真实企图。

4．_____在《中华人民共和国计算机信息系统安全保护条例》中明确定义为："指编制者在计算机程序中插入的，破坏计算机功能或者破坏数据、影响计算机使用，并能自我复制的一组计算机指令或者程序代码"。

5．应用 IPbook 可以扫描某个网段的在线主机，或在线主机某些指定端口的_____情况；应用 ScanPort 可以扫描某台网络主机，_____的开放情况。

6．不管防火墙是怎样组成的，都有一个共同的特征：可以根据一些规则来拒绝某些_____行为。

7．一般来说，入侵检测系统可分为基于_____入侵检测系统和基于_____入侵检测系统。

8．_____命令是用来检查网络是否通畅及网络连接速度的命令。检查主机 IP 地址等信息用_____命令。

9．一般来说，防火墙技术可分为四大类：_____、_____、_____和规则检查防火墙。

10．用功能强大的 Telnet 命令登录成功并以_____身份连接了远程机器后，就可以对连接设备拥有完全控制权限。网络管理人员经常利用它对网络设备进行远程管理。

二、简答题

1．计算机互联网络面临哪些方面的安全性威胁？

2．什么是计算机病毒？计算机病毒有哪些特征？

3．黑客网络攻击主要有哪些方式？

4．什么是防火墙？防火墙有哪些局限性？

5．什么是入侵检测？

计算机网络技术综合达标训练

一、填空题

1．在计算机网络中，LAN 代表的是_____，WAN 代表的是_____。
2．计算机网络按照逻辑功能可以分为_____子网、_____子网。
3．最常见的传输介质有_____、_____、_____。
4．根据信息的传送方向，数据线路的通信方式有_____、_____、_____ 3 种。
5．ATM 是指_____模式，是一种面向_____的交换技术。
6．TCP/IP 的网络层最重要的协议是_____协议，它可将多个网络连成一个互联网。
7．在 TCP/IP 层次模型的第三层中包括的协议主要有_____及_____。
8．传输层的传输服务有两大类：_____和_____。
9．文件传输协议是_____。
10．在 TCP/IP 网络中，TCP 协议工作在_____，FTP 协议工作在_____。
11．目前以太网最常用的传输媒体是_____。
12．RJ-45 接头的接线标准是_____。
13．双绞线主要用于_____连接，一般不用于多点连接。
14．光纤为_____的简称，由直径大约为 0.1mm 的_____构成。
15．按照光在光纤中的传播方式，光纤可以分为_____和_____两种类型。
16．网卡属于 OSI 参考模型中的_____层设备。
17．集线器按扩展能力可分为_____和_____两种。
18．交换机的_____交换技术是目前应用最广的局域网交换技术。
19．_____是交换机的重要功能，是建立一个可跨接不同物理局域网、不同类型网段的各站点的逻辑局域网。
20．路由器是应用于_____拓扑结构的计算机网络设备。
21．万维网简称为_____。
22．URL 称作_____，是对可以从互联网上得到的资源的位置和访问方法的一种简洁的表示，是互联网上标准资源的地址。

23．在连接 Internet 时，为用户提供上网账号等服务的机构简称为_____。

24．WWW 的服务器与客户端程序之间是通过_____协议进行通信的。

25．HTML 也称_____，用于标注文档或给文档添加标签。

26．IE 的_____浏览技术，全方位保护隐私，上网不留痕迹。

27．360 安全卫士 8.5 查杀木马的方式有_____、_____和_____3 种。

28．国际标准化组织提出的"开放系统互连参考模型（OSI）"有_____层。

29．SMTP 协议的默认端口是_____。

30．账户策略主要用于限制用户账户的交互方式，其中包括_____和_____。

二、判断题

1．在计算机网络中 MAN 代表的是局域网。

2．Internet Explorer 属于应用软件，但是不属于网络软件系统。

3．TCP/IP 通常作为一个组织网络管理的基础。

4．网络硬件中主机系统可划分为工作站和终端。

5．电子邮件是 Internet 最早应用之一。

6．计算机网络的一大发展趋势是多维化。

7．集线器的主要功能是放大和中转信号。

8．数据在传输线上原样不变地传输属于频带传输。

9．数据传输出现差错的内部因素有噪声脉冲、衰减、延迟失真和电磁干扰。

10．信元交换技术又称异步传输模式，是一种面向连接的交换技术。

11．计算机网络是不同地理位置计算机用通信设备或线路连接起来，实现资源共享、信息传递的系统。

12．计算机网络将分布在不同地理位置上的计算机仅能通过有线通信链路连接起来。

13．访问网络共享资源时，必须要考虑资源所在的地理位置。

14．在计算机局域网中，主要采用的传输方式是基带传输。

15．微波及卫星不能作为通信链路。

16．物理链路和逻辑链路都可以传输数据。

17．在数据传输中，电路交换的延迟最小。

18．计算机网络中只能够传输数字信号。

19．终端控制器通过主机才能和网络节点相连。

20．使用不同协议的计算机能直接进行互联通信。

21．出现在 360 安全卫士信任区的文件是完全可信的，没有破坏性。

22．TCP 和 UDP 分别拥有自己的端口号，二者互不干扰，可以共存于同一台主机。

23．网桥工作于数据链路层，用于将两个局域网连接在一起并按 MAC 地址转发帧。

24．ICMP 协议位于传输层。

25．PPP 协议是数据链路层的协议。

26. 将物理地址转换为 IP 地址的协议是 ARP。

27. IP 协议利用生存时间控制数据传输的延时。

28. TCP/IP 为实现高效率的数据传输，在传输层采用了 UDP 协议，其传输的可靠性则由应用进程提供。

29. 在 OSI 层次体系中，实际的通信是在网络层之间进行的。

30. 网络协议的三要素是语法、语义、同步。

31. 运输层为应用进程之间提供逻辑通信，网络层为主机之间提供逻辑通信。

32. TCP/IP 模型分为四层，它们是应用层、运输层、网际层、物理层。

33. 将主机名转换成 IP 地址，要使用 DHCP 协议；将 IP 地址转换成 MAC 地址，要使用 ARP 协议。

34. TCP 协议的 80 端口由因特网的 HTTP 协议使用。

35. 在 OSI 七层结构模型中，处于数据链路层与运输层之间的是会话层。

36. 在 OSI 参考模型中物理层实现了数据的无差错传输。

37. 因特网控制报文协议 ICMP 主要处理的是流量控制和路径控制。

38. 地址解析协议 ARP 能将 IP 地址转换成 MAC 地址。

39. TCP 和 UDP 分别拥有自己的端口号，二者互不干扰，可以共存于同一台主机。

40. 在 OSI 的参考模型中，第 N 层为第 $N+1$ 层提供服务。

41. 结构化布线系统与传统布线系统的最大区别在于：结构化布线系统的结构与当前所连接设备的位置无关。

42. 结构化布线系统采用模块化设计和分层总线型拓扑结构。

43. 从信息插座到设备间的连线用光纤，一般不要超过 5m。

44. 水平干线子系统用线一般为双绞线，并且长度一般不超过 90m。

45. 管理子系统的主要设备是配线架、网络设备和机柜、电源等。

46. 在垂直干线子系统中，室内光纤一般选用单模光纤，室外远距离传输时可以用多模光纤。

47. 光纤传输频带宽、信息容量大、线路损耗低、传输距离远、抗干扰能力强。

48. 多模光纤比单模光纤频带宽、传输容量大、传输距离远。

49. 在所有的单工终端应用中，结构化布线系统使用 SC 连接器。

50. 5 类 UTP 双绞线规定的最大传输速率是 100MHz。

51. 我国目前尚未出台与结构化布线相关的标准或规范。

52. 信息插座的安装位置应距离地面 30cm 以上。

53. 建筑群主干线子系统中室外电缆敷设不包括架空电缆。

54. 垂直干线子系统一般在一个楼层上，仅与信息插座、管理间连接。

55. 屏蔽双绞线因为在外层加了屏蔽层，所以信号不易被窃听。

56. 双绞线是把两根绝缘的铜导线按一定绞合度相互绞在一起，其目的是增大抗拉强度。

57．采用 RJ-45 接头作为连接器件的传输介质是双绞线。

58．水平干线子系统也称骨干子系统，它提供建筑物的干线电缆。

59．光纤是光导纤维的简称，由直径大约为 0.1mm 的细玻璃丝构成。

60．智能大厦的 3A 系统包括楼宇自动控制系统、通信自动化系统、计算机网络系统。

61．集线器上所有的端口独享同一个带宽。

62．三层交换机主要用于骨干网络和连接子网。

63．路由协议是指路由选择协议，是实现路由选择算法的协议。

64．三层交换机是具有路由功能的交换机。

65．网卡的功能是对信号进行转发而不对信号进行任何处理。

66．三层交换机主要用于加快大型局域网内部的数据交换。

67．网卡拥有一个全球唯一的物理地址，该地址用长度为 8 个字节的二进制数表示。

68．USB 网络适配器支持热插拔且传输速率远远大于传统的并行接口和串行接口。

69．集线器工作在 OSI 参考模型中的数据链路层。

70．集线器接收到信号后会进行放大、重新定时并转发至特定的目标节点。

71．堆叠在一起的集线器可以当作一台集线器来统一管理，并能够建立一条较宽的宽带链路。

72．连接带有"Uplink"端口的集线器时使用交错连线方式制作连接线。

73．集线器最好采用普通端口的级联方式，这样信号衰减少、带宽受网络影响较小。

74．帧交换是目前应用最广的局域网交换技术。

75．对网络帧的处理方式上，直通交换速度较快，但不能进行高级控制，缺乏智能性和安全性，无法支持不同速率的端口交换。

76．信元交换将帧分解成固定长度为 48B 的信元，处理速度快。

77．RIP（Routing Information Protocol）是一种路由协议。

78．传统路由器可以隔离广播，但是性能得不到保障。

79．为了避免在大型交换机上进行广播所引起的广播风暴，可将其进一步划分为多个虚拟网。

80．三层交换机不具有 QoS（服务质量）的控制功能。

81．Internet 其实就是一台提供特定服务的计算机。

82．域名系统的功能是把 IP 地址转换成域名。

83．在 URL 中不能有空格。

84．浏览器只能用来浏览网页，不能通过浏览器使用 FTP 服务。

85．域名从左到右网域逐级变低，高一级网域包含低一级网域。

86．Internet 就是 WWW。

87．Internet 上的电子邮件服务都是免费的。

88．Internet 属于美国。

89．HTTP 是一种超文本传输协议。

90．静态网页是由 HTML 语言编写而成的。

91．一封 E-Mail 只能发给一个人。

92．Internet 内容提供商的英文缩写是 ISP。

93．Internet 的前身是 ARPAnet。

94．HTML 中文译为"超文本链接标记语言"。

95．WWW 是指 World Wide Web。

96．在因特网上专门用于传输文件的协议是 FTP。

97．在 Internet 中，域名是用字符串表示的 IP 地址。

98．万维网使用的协议是 WWW。

99．世界上两个不同国家的 Internet 主机的 IP 可以一样。

100．因特网中电子邮件的地址格式是 wan.email.gznu.edu.cn。

101．按病毒设计者的意图和病毒破坏性的大小，可将计算机病毒分为恶性病毒和源码病毒。

102．黑客是特指计算机系统的非法入侵者。

103．SSL 协议位于 TCP/IP 协议与各种应用层协议之间，为数据通信提供安全支持。

104．Guest 账号一般被用于在域中或计算机中没有固定账号的用户临时访问域或计算机使用。

105．DMZ 的中文名称为隔离区，也称军事区。

106．在 Windows 计算机上只能对文件夹实施共享，而不能对文件实施共享。

107．远程桌面使用的默认端口号是 23。

108．DHCP 服务器只能给客户端提供 IP 地址。

109．在 Windows 7 运行命令 telnet 后可以打开"远程桌面连接"对话框。

110．在 Windows Server 2008 中，运行 DOS 命令 arp -a 可以查看 arp 表的内容。

111．使用 ipconfig 命令可以获得查询计算机的 MAC 地址。

112．IP 地址分配只可以动态分配。

113．在事件查看器中，可以查看关于硬件、软件和系统问题的信息，也可以监视 Windows 操作系统中的安全事件。

114．打开 Windows Server 2008 的事件查看器后，可以在其中的安全日志中查看有效的、无效的用户登录事件。

115．系统日志中存放了 Windows 操作系统产生的信息、警告或错误。

116．在单个程序中同时运行多个线程完成不同的工作被称为多线程。

117．资源监视器可提供系统稳定性的大体情况及趋势分析。

118．一般情况下，只要将用户账户加入用户组 administrator，该账户即可具有通过远程桌面访问的权限。

119．根据网络故障的性质把网络故障分为物理故障和逻辑故障。

120．如果要让用户看到 IP 数据包到达目的地经过的路由，可以使用 DOS 命令 tracert。

三、选择题

1. 计算机网络最核心的功能是（　　）。
    A．预防病毒　　　B．资源共享　　　C．信息浏览　　　D．下载文件
2. 国家信息基础设施的缩写为（　　）。
    A．NII　　　　　B．GII　　　　　C．AII　　　　　D．WWW
3. 电子商务不包括哪一项？（　　）
    A．B-B　　　　　B．B-C　　　　　C．C-B　　　　　D．C-C
4. 下列（　　）不属于公共网。
    A．DDN　　　　　B．NII　　　　　C．CERNET　　　D．CHINANET
5. 一座大楼内的一个计算机网络系统属于（　　）。
    A．PAN　　　　　B．LAN　　　　　C．MAN　　　　　D．WAN
6. VOD 服务是 Internet 应用的哪个方面？（　　）
    A．电子商务　　　B．电子邮件　　　C．信息服务　　　D．远程音/视频
7. 计算机网络的 3 个主要组成部分是（　　）。
    A．若干数据库、一个通信子网、一组通信协议
    B．若干主机、一个通信子网、大量终端
    C．若干主机、电话网、一组通信协议
    D．若干主机、一个通信子网、一组通信协议
8. 下列（　　）不属于计算机网络中的节点。
    A．访问节点　　　B．转接节点　　　C．交换节点　　　D．混合节点
9. 客户—服务机制的英文名称是（　　）。
    A．client/service　　　　　　　B．guest/service
    C．guest/administrator　　　　D．slave/master
10. 一个网络中的计算机要与其他计算机直接通信，必须（　　）。
    A．使用相同的网络操作系统　　B．使用相同的网络互联设备
    C．使用相同的网络协议　　　　D．在同一公司内部
11. 下列（　　）不是联网的目的。
    A．共享打印机　　B．收发电子邮件　C．提高可靠性　　D．避免病毒入侵
12. 下列（　　）网络操作系统适用于服务器。
    A．Windows 98　　　　　　　　B．Windows 2000
    C．Windows 2000 Server　　　　D．Windows XP
13. 误码率描述了数据传输系统在正常工作状态下的传输（　　）。
    A．安全性　　　　B．效率　　　　　C．可靠性　　　　D．延迟
14. ATM 网络采用固定长度的信元传送数据，信元长度是（　　）。
    A．1024B　　　　B．53B　　　　　C．128B　　　　　D．64B
15. 一个完整的计算机网络由（　　）组成。

A．传输介质和通信设备 　　　　　　B．通信子网和资源子网
C．用户计算机终端 　　　　　　　　D．主机和通信处理机

16．数据通信中，利用电话交换网与调制解调器进行数据传输的方法属于（　　）。
A．频带传输　　B．宽带传输　　C．基带传输　　D．IP 传输

17．通信信道的每一端可以即是发送端也是接收端，信息可以由这一端传输到另一端，也可以由另一端传输到这一端，同一时刻，只能有一个传输方向的通信方式是（　　）。
A．单工通信　　B．半双工通信　　C．全双工通信　　D．频带传输通信

18．下列交换方式中，实时性最好的是（　　）。
A．数据报方式　　B．虚电路方式　　C．电路交换方式　　D．各种方法都一样

19．数据终端设备的英文简称为（　　）。
A．DTE　　B．DCE　　C．DET　　D．MODEM

20．分组交换的特点是（　　）。
A．传输质量高，误码率低　　　　　B．能选择最佳路径，结点电路利用率高
C．适宜传输短报文　　　　　　　　D．A、B、C 都是

21．使用全双工通信方式的典型例子是（　　）。
A．无线电广播　　B．对讲机　　C．电话　　D．电视

22．数据传输中出现差错有很多原因，下列（　　）属于外部因素。
A．延迟失真　　B．电磁干扰　　C．脉动噪声　　D．衰减

23．在数据传输中，（　　）的传输延迟最小。
A．电路交换　　B．报文交换　　C．分组交换　　D．信元交换

24．网上订火车票应用的网络功能是（　　）。
A．提高可靠性　　　　　　　　B．实现数据信息的快速传递
C．集中管理　　　　　　　　　D．资源共享

25．对网络进行集中管理的最小单位（　　）。
A．比特　　B．集线器　　C．码元　　D．信元

26．在下列功能中，哪一个最好地描述了 OSI 参考模型的数据链路层？（　　）
A．保证数据正确的顺序、无错和完整
B．处理信号通过介质的传输
C．提供用户与网络的接口
D．控制报文通过网络的路由选择

27．在 TCP/IP 参考模型中，TCP 协议工作在（　　）。
A．应用层　　B．传输层　　C．互联网层　　D．网络接口层

28．下列关于 UDP 和 TCP 的叙述中，不正确的是（　　）。
A．UDP 和 TCP 都是传输层协议，是基于 IP 协议提供的数据报服务，向应用层提供传输服务
B．TCP 协议适用于通信量大、性能要求高的情况；UDP 协议适用于突发性强、消

息量较小的情况

C．TCP 协议不能保证数据传输的可靠性，不提供流量控制和拥塞控制

D．UDP 协议开销低，传输速率高，传输质量差；TCP 协议开销高，传输效率低，传输服务质量高

29．在 OSI 的七层参考模型中，工作在第三层以上的网间连接设备称为（　　）。

A．交换机　　　　B．集线器　　　　C．网关　　　　D．中继器

30．下面属于 TCP/IP 协议族中 IP 层协议的是（　　）。

A．IGMP、UDP、IP　　　　　　B．IP、DNS、ICMP

C．ICMP、ARP、IGMP　　　　　D．FTP、IGMP、SMTP

31．关于 IP 提供的服务，下列哪种说法是正确的？（　　）

A．IP 提供不可靠的数据报传送服务，因此数据报传送不能受到保障

B．IP 提供不可靠的数据报传送服务，因此它可以随意丢弃数据报

C．IP 提供可靠的数据报传送服务，因此数据报传送可以受到保障

D．IP 提供可靠的数据报传送服务，因此它不能随意丢弃数据报

32．TCP/IP 参考模型中的网络层对应于 OSI 中的（　　）。

A．网络层　　　　　　　　　　B．物理层

C．数据链路层　　　　　　　　D．物理层与数据链路层

33．在 TCP/IP 协议簇中，UDP 协议工作在（　　）。

A．应用层　　　B．传输层　　　C．网络互联层　　　D．网络接口层

34．下面协议中，用于电子邮件 E-mail 传输控制的是（　　）。

A．SNMP　　　B．SMTP　　　C．HTTP　　　D．HTML

35．Internet 上的各种不同网络及不同类型的计算机进行相互通信的基础是（　　）。

A．HTTP　　　B．IPX/SPX　　　C．X.25　　　D．TCP/IP

36．在 OSI 中，为实现有效且可靠的数据传输，必须对传输操作进行严格的控制和管理，完成这项工作的层是（　　）。

A．物理层　　　B．数据链路层　　　C．网络层　　　D．运输层

37．下面提供 FTP 服务的默认 TCP 端口号是（　　）。

A．21　　　B．25　　　C．23　　　D．80

38．Internet 的核心协议是（　　）。

A．X.25　　　B．TCP/IP　　　C．ICMP　　　D．UDP

39．服务与协议是完全不同的两个概念，下列关于它们的说法错误的是（　　）。

A．协议是水平的，即协议是控制对等实体间通信的规则。服务是垂直的，即服务是下层向上层通过层间接口提供的。

B．在协议的控制下，两个对等实体间的通信使得本层能够向上一层提供服务。要实现本层协议，还需要使用下面一层所提供的服务。

C．协议的实现保证了能够向上一层提供服务。

D．OSI 将层与层之间交换的数据单位称为协议数据单元 PDU。

40．在 TCP/IP 的进程之间进行通信经常使用客户/服务器方式，下面关于客户和服务器的描述错误的是（　　）。

　　A．客户和服务器是指通信中所涉及的两个应用进程。

　　B．客户/服务器方式描述的是进程之间服务与被服务的关系。

　　C．服务器是服务请求方，客户是服务提供方。

　　D．一个客户程序可与多个服务器进行通信。

41．在 OSI 参考模型的物理层、数据链路层、网络层传送的数据单位分别为（　　）。

　　A．比特、帧、分组　　　　　　　B．比特、分组、帧

　　C．帧、分组、比特　　　　　　　D．分组、比特、帧

42．在 TCP 中，连接的建立采用（　　）握手的方法。

　　A．一次　　　B．二次　　　C．三次　　　D．四次

43．下列协议属于应用层协议的是（　　）。

　　A．IP、TCP、和 UDP　　　　　　B．ARP、IP 和 UDP

　　C．FTP、SMTP 和 Telnet　　　　D．ICMP、RARP 和 ARP

44．下面协议中用于 WWW 传输控制的是（　　）。

　　A．URL　　　B．SMTP　　　C．HTTP　　　D．HTML

45．完成路径选择功能是在 OSI 参考模型的（　　）。

　　A．物理层　　　B．数据链路层　　　C．网络层　　　D．运输层

46．在 TCP/IP 协议族的层次中，解决计算机之间通信问题是在（　　）。

　　A．网络接口层　　　B．网际层　　　C．传输层　　　D．应用层

47．局域网中的 MAC 层与 OSI 参考模型的（　　）相对应。

　　A．物理层　　　B．数据链路层　　　C．网络层　　　D．传输层

48．IP 协议提供的是服务类型是（　　）。

　　A．面向连接的数据报服务　　　　B．无连接的数据报服务

　　C．面向连接的虚电路服务　　　　D．无连接的虚电路服务

49．路由器工作于（　　），用于连接多个逻辑上分开的网络。

　　A．物理层　　　B．网络层　　　C．数据链路层　　　D．传输层

50．远程登录是使用下面的（　　）协议。

　　A．SMTP　　　B．FTP　　　C．UDP　　　D．Telnet

51．超 5 类 UTP 双绞线规定的最高传输速率是（　　）。

　　A．20Mbps　　　B．30Mbps　　　C．100Mbps　　　D．155Mbps

52．下列传输介质中采用 RJ-45 接头作为连接器件的是（　　）。

　　A．双绞线　　　B．细缆　　　C．光纤　　　D．粗缆

53．在局域网中，最常用的传输介质是（　　）。

　　A．微波　　　B．屏蔽双绞线　　　C．非屏蔽双绞线　　　D．光纤

54. 下列不属于光纤通信系统优点的是（　　）。
   A．传输频带宽　　　　　　　　　B．抗干扰能力强
   C．机械强度高　　　　　　　　　D．抗化学腐蚀能力强

55. 光纤在数据传输中能保持低于（　　）的低误码率。
   A. 10^{-7}　　　B. 10^{-8}　　　C. 10^{-9}　　　D. 10^{-10}

56. 双绞线分为（　　）两类。
   A．基带和频带　　B．宽带和窄带　　C．屏蔽和非屏蔽　　D．模拟和数字

57. 屏蔽每对双绞线对的双绞线称为（　　）。
   A．UTP　　　　B．FTP　　　　C．SCTP　　　　D．STP

58. 下列（　　）是光纤的特点。
   A．带宽提升　　B．成本降低　　C．管理方面　　D．安装容易

59. 10BASE-T 通常是用（　　）作传输介质。
   A．细缆　　　　B．粗缆　　　　C．双绞线　　　　D．光缆

60. 下列（　　）双绞线的传输速率达不到 100Mbps。
   A．4 类　　　　B．5 类　　　　C．超 5 类　　　　D．6 类

61. 下列不属于双绞线类型的是（　　）。
   A．3 类　　　　B．4 类　　　　C．超 5 类　　　　D．超 6 类

62. RJ-45 接头的 T568A 标准具体颜色顺序为（　　）。
   A．橙白/橙　绿白/蓝　蓝白/绿　棕白/棕
   B．橙白/橙　绿白/绿　蓝白/蓝　棕白/棕
   C．绿白/绿　橙白/蓝　蓝白/橙　棕白/棕
   D．绿白/蓝　橙白/橙　蓝白/绿　棕白/棕

63. 下列关于综合布线的特点不正确的是（　　）。
   A．实用性　　　B．兼容性　　　C．可靠性　　　D．先进性

64. 下列关于光纤说法正确的是（　　）。
   A．根据光的传播方式，光纤分为单模光纤和双模光纤
   B．光纤和铜缆是结构化布线中的主角
   C．单模光纤传输性能较差，传输距离有限
   D．宽频带的光纤正逐渐替代窄频带的金属电缆

65. 结构化布线系统中，将垂直电缆线与各楼层水平布线子系统连接的模块是（　　）。
   A．管理子系统　　　　　　　　B．工作区子系统
   C．设备子系统　　　　　　　　D．建筑群主干线子系统

66. 智能大厦的"3A 系统"不包括（　　）。
   A．楼宇自动控制系统　　　　　　B．通信自动化系统
   C．计算机网络系统　　　　　　　D．办公自动化系统

67. 关于结构化布线系统描述不正确的是（　　）。

A．结构清晰，便于管理和维护

B．材料统一先进，适应今后的发展需要

C．灵活性强，适应各种不同的需求

D．不便于扩充，但节约费用，可靠性高

68．配线架是（　　）系统最主要的设备。

A．工作区子系统　　　　　　　　B．垂直干线子系统

C．管理子系统　　　　　　　　　D．设备子系统

69．建筑群主干线子系统中室外电缆敷设不包括（　　）。

A．架空电缆　　B．直埋电缆　　C．地下管道电缆　　D．槽道敷设

70．关于结构化布线系统，以下说法正确的是（　　）。

A．建筑群主干线子系统通常采用光纤作为传输介质

B．多模光纤适用于大容量、长距离的光纤通信

C．水平子系统也称为骨干子系统，一般使用双绞线

D．垂直干线子系统负责连接水平子系统和设备子系统

71．商用建筑物电信布线标准是（　　）。

A．EIA/TIA 568 标准　　　　　　B．ISO/IEC 11801 标准

C．EIA/TIA TSB 67 标准　　　　　D．EN5016、50168、50169 标准

72．下列关于双绞线的说法中不正确的是（　　）。

A．无论局域网还是广域网，双绞线都是最常用的传输介质

B．双绞线由两根具有绝缘保护层的铜导线组成

C．双绞线可分为非屏蔽双绞线和屏蔽双绞线

D．双绞线主要用于多点连接，一般不用于点对点连接

73．（　　）是目前带宽最大的传输介质。

A．同轴电缆　　B．双绞线　　C．电话线　　D．光纤

74．下列说法不正确的是（　　）。

A．双绞线既可以传输数字信号，又可以传输模拟信号

B．宽带同轴电缆和基带同轴电缆都只传输数字信号

C．屏蔽双绞线和非屏蔽双绞线都是由 4 对双绞线组成的

D．采用光纤时，接收端和发送端都需要有光电转换设备

75．下列不是单模光纤优点的是（　　）。

A．传输距离远　　B．损耗小　　C．传输速率高　　D．成本低

76．网卡工作在 OSI 参考模型的（　　）。

A．物理层　　B．数据链路层　　C．网络层　　D．传输层

77．下列设备不是工作在数据链路层的是（　　）。

A．网桥　　B．网卡　　C．路由器　　D．交换机

78．网络中使用的互联设备 HUB 称为（　　）。

A．集线器　　　B．路由器　　　C．服务器　　　D．网关

79．以下除（　　）外均是网卡的功能。
A．将计算机连接到通信介质上　　　B．进行电信号匹配
C．缓存接收和传送的数据　　　　　D．进行网络互连

80．在网络的互联设备中（　　）主要用于将局域网和广域网互联。
A．路由器　　　B．网关　　　C．网桥　　　D．中继器

81．一般的交换机工作在（　　）。
A．数据链路层　　B．应用层　　C．网络层　　D．物理层

82．在不同网络间实现分组的存储和转发，并在网络层提供协议转换的网络互联设备是（　　）。
A．网桥　　　B．中继器　　　C．交换机　　　D．路由器

83．调制解调器中的"解调"功能是指（　　）。
A．把数字信号转换成模拟信号　　　B．把模拟信号转换成数字信号
C．直接接收模拟信号　　　　　　　D．直接接收数字信号

84．以下关于集线器的说法不正确的是（　　）。
A．集线器工作处于 OSI 参考模型中的物理层
B．集线器的堆叠端口标有 Uplink 标志
C．集线器级联时，可以只用集线器的普通端口
D．集线器间的级联，不仅能增加集线器的端口数量，还可以扩大局域网的范围

85．某学校将校园网划分为多个 VLAN，要实现各 VLAN 之间的通信，最理想的设备是（　　）。
A．路由器　　　B．网桥　　　C．集线器　　　D．三层交换机

86．能够实现局域网中传输介质的物理连接和电气连接功能的是（　　）。
A．网卡　　　B．中继器　　　C．集线器　　　D．网桥

87．可堆叠式集线器的一个优点是（　　）。
A．相互连接的集线器使用 SNMP
B．相互连接的集线器在逻辑上是一个集线器
C．相互连接的集线器在逻辑上是一个网络
D．相互连接的集线器在逻辑上是一个单独的广播域

88．当网桥收到一帧，但不知道目的节点在哪个网段时，它必须（　　）。
A．再输入端口上复制该帧　　　B．丢弃该帧
C．将该帧复制到所有端口　　　D．生成校验和

89．下面哪种网络设备用来连接异种网络？（　　）
A．集线器　　　B．交换机　　　C．路由器　　　D．网桥

90．路由器转发数据包比网桥慢的原因是（　　）。
A．路由器运行在 OSI 参考模型的第三层，因而要花费更多的时间来解析逻辑地址

B．路由器的数据缓存比网桥的少，因而在任何时候只能存储较少的数据

C．路由器在向目标设备发送数据前，要等待这些设备的应答

D．路由器运行在 OSI 参考模型的第四层，因而要侦听所有的数据传输，以致比运行在第三层的网桥慢

91．关于路由器，下列说法中正确的是（　　）。

A．路由器处理的信息量比交换机少，因而转发速度比交换机快

B．对于同一目标，路由器只提供延迟最小的最佳路由

C．通常的路由器可以支持多种网络层协议，并提供不同协议之间的分组转换

D．路由器不但能够根据逻辑地址进行转发，而且可以根据物理地址进行转发

92．下面对三层交换机的描述中最准确的是（　　）。

A．使用 X.25 交换机　　　　　　B．用路由器代替交换机

C．二层交换，三层转发　　　　　D．由交换机识别 MAC 地址进行交换

93．下面有关 VLAN 的说法正确的是（　　）。

A．一个 VLAN 组成一个广播域　　B．一个 VLAN 是一个冲突域

C．各个 VLAN 之间不能通信　　　D．VLAN 之间必须通过服务器交换信息

94．关于路由器，下列说法中错误的是（　　）。

A．路由器可以隔离子网，抑制广播风暴

B．路由器可以实现网络地址转换

C．路由器可以提供可靠性不同的多条路由选择

D．路由器只能实现点对点的传输

95．网桥用于将两个局域网连接在一起并按 MAC 地址转发帧，它工作于（　　）。

A．物理层　　　B．网络层　　　C．数据链路层　　　D．传输层

96．局域网中的 MAC 层对应 OSI 参考模型的（　　）。

A．物理层　　　B．数据链路层　　　C．网络层　　　D．传输层

97．关于网卡描述不正确的是（　　）。

A．网络中的计算机就是通过网卡插口的连接介质连入网络的

B．网卡具有全球唯一的地址

C．网卡实现了 OSI 参考模型中的数据链路层的功能

D．对传送和接收的数据进行过滤

98．网卡按总线类型分类不包括（　　）。

A．PCI 总线网卡　　　　　　B．PCMCIA 总线网卡

C．USB 适配器　　　　　　　D．AGP 总线网卡

99．目前大部分的集线器为（　　）。

A．不可网管集线器　　　　　B．可网管集线器

C．哑集线器　　　　　　　　D．非智能集线器

100．要想实现集线器的堆叠连接，必须使用（　　）。

A．RJ-45 端口 B．BNC 或 AUI 端口
C．Uplink 端口 D．UP 和 DOWN 端口

101．Internet 最早起源于（　　）。
A．ARPAnet B．以太网 C．NSFnet D．环状网

102．下列不属于国际互联网的基本功能功能的是（　　）。
A．电子邮件 B．文件传输 C．文件打印 D．远程登录

103．用来上网查看网页内容的工具是（　　）。
A．IE 浏览器 B．我的电脑 C．资源管理器 D．网上邻居

104．新浪的网址为 http://www.sina.com.cn，则新浪的域名为（　　）。
A．http://www.sina.com.cn B．www.sina.com.cn
C．sina.com.cn D．以上答案均正确

105．输入一个网址后，浏览器会自动在前面加上 http://，http 是（　　）。
A．文件传输协议 B．超文本传输协议
C．顶级域名网址 D．以上都不是

106．企业 Intranet 要与 Internet 互联，必需的互联设备是（　　）。
A．中继器 B．调制解调器 C．交换器 D．路由器

107．用 IE 浏览器浏览网页，在地址栏中输入网址时，通常可以省略的是（　　）。
A．http:// B．ftp:// C．mailto:// D．news://

108．下列哪项不是电子邮件服务的协议？（　　）
A．POP3 B．SMTP C．IMAP D．http

109．网址"www.pku.edu.cn"中的"cn"表示（　　）。
A．英国 B．美国 C．日本 D．中国

110．地址"ftp://218.0.0.123"中的"ftp"是指（　　）。
A．协议 B．网址 C．新闻组 D．邮件信箱

111．地址栏中输入的 http://zjhk.school.com 中，zjhk.school.com 是一个（　　）。
A．域名 B．文件 C．邮箱 D．国家

112．以下关于 IP 地址和 Internet 域名关系的说法中正确的是（　　）。
A．多个 IP 地址可以对应一个域名 B．一个 IP 地址只能对应一个域名
C．一个 IP 地址可以对应多个域名 D．IP 地址和域名没有关系

113．用户在浏览器地址栏输入 URL 地址时，通常不能省略的是（　　）。
A．协议名或传输方式 B．服务器名或 IP 地址
C．逻辑端口号 D．目录路径与文件名

114．有关在 Internet 上计算机的 IP 地址和域名的说法中，错误的是（　　）。
A．IP 地址与域名的转换一般由域名服务器来完成
B．域名服务器就是 DNS 服务器
C．与 Internet 连接的任何一台计算机或网络都有 IP 地址

D．与 Internet 连接的任何一台计算机或网络都有域名

115．在 IE 浏览器的地址栏中填入如下哪个选项肯定是无效的？（　　）。

  A．http://www.sjtu.sh.cn/   B．02.36.78.9

  C．a:\h1.htm   D．360.122.798

116．我国于 1994 年 4 月成为第 71 个正式联入因特网的国家，我国的最高域名为（　　）。

  A．com   B．edu   C．cn   D．gov

117．Internet 是指（　　）。

  A．国际互联网   B．内部网   C．校园网   D．邮电网

118．超文本与一般文档的最大区别是它有（　　）。

  A．声音   B．图像   C．超链接   D．以上都不对

119．在 Internet 的基本服务功能中，远程登录所使用的命令是（　　）。

  A．ftp   B．telnet   C．mail   D．open

120．表示商业公司的一级域名是（　　）。

  A．com   B．edu   C．org   D．net

121．下面四项中，不是 Internet 顶级域名的是（　　）。

  A．edu   B．gov   C．com   D．www

122．Internet 网站域名中的 gov 表示（　　）。

  A．政府部门   B．商业部门   C．网络服务器   D．一般用户

123．Internet 与 WWW 的关系是（　　）。

  A．都表示互联网，名称不同而已   B．WWW 是 Internet 上的一个应用功能

  C．Internet 与 WWW 没有关系   D．WWW 是 Internet 上的一种协议

124．有关 Internet 的叙述中，错误的是（　　）。

  A．Internet 即国际互联网络   B．Internet 具有网络资源共享的特点

  C．Internet 在中国称为因特网   D．Internet 是局域网的一种

125．典型的电子邮件地址一般由（　　）、字符"@"和主机域名组成。

  A．账号   B．昵称   C．身份证号   D．IP 地址

126．HTTPS 是使用以下哪种协议的 HTTP？（　　）

  A．SSL   B．SSH   C．Security   D．TCP

127．Internet 接入控制不能对付以下哪类入侵者？（　　）

  A．伪装者   B．违法者   C．内部用户   D．外部用户

128．一个数据包过滤系统被设计成允许你要求的服务的数据包进入，而过滤掉不必要的服务，这属于（　　）基本原则。

  A．最小特权   B．阻塞点   C．失效保护状态   D．防御多样化

129．计算机病毒的特征之一是（　　）。

  A．非授权不可执行性   B．非授权可执行性

C．授权不可执行性 D．授权可执行性

130．保证商业服务安全不可否认的手段主要是（　　）。

A．数字水印　　　B．数据加密　　　C．身份认证　　　D．数字签名

131．基于计算机网络工作的特点，计算机网络管理从业人员在工作中应遵守的职业守则，错误的描述是（　　）。

A．遵纪守法，尊重知识产权　　　B．爱岗敬业，严守保密制度

C．追求自我价值　　　D．团结协作

132．某同学用浏览器上网，输入正确的网址却无法打开网页，但是直接输入网站 IP 却能打开，可能的原因是（　　）。

A．网卡故障

B．DNS 服务器故障

C．本地计算机 DNS 服务器的 IP 设置错误

D．浏览器故障

133．下列不属于网上侵犯知识产权的形式的是（　　）。

A．著作权的侵犯　　　B．网络病毒散布的侵犯

C．商标侵权　　　D．域名纠纷

134．如果让 ping 命令一直 ping 某一台主机，应该使用的参数是（　　）。

A．-a　　　B．-s　　　C．-t　　　D．-f

135．防火墙作用（　　）。

A．防止网络硬件着火

B．防止网络系统被破坏或被非法使用

C．保护外部用户免受网络系统的病毒侵入

D．检查进入网络中心的每一个人，保护网络

136．某中学校园网内计算机经常受到来自外网计算机病毒的攻击。为保障学校本地局域网的安全，学校决定添置硬件防火墙。防火墙合适的放置位置是（　　）。

A．学校域名服务器上　　　B．学校局域网与外网连接处

C．教学区与图书馆服务器之间　　　D．FTP 服务器上

137．包过滤型防火墙工作在（　　）。

A．会话层　　　B．网络层　　　C．应用层　　　D．数据链路层

138．在个人计算机中安装防火墙系统的目的是（　　）。

A．保护硬盘　　　B．使计算机绝对安全

C．防止计算机病毒和黑客　　　D．保护文件

139．当开启"密码必须符合复杂性要求"时，要求用户密码必须同时包含大写英文字母、小写英文字母、数字和非字母字符四类中的（　　）。

A．一类　　　B．两类　　　C．三类　　　D．四类

140．在设置密码策略时，以下不能被设置的是（　　）。

A．密码长度 B．密码的复杂性要求
C．密码的使用期限 D．密码输入出现若干次错误后锁定账户

141．假设你是一台系统为 Windows Server 2008 的计算机系统管理员，出于安全性考虑，你希望这台计算机的用户账号在设置密码时不能重复前五次的密码，应该采取的措施是（ ）。

A．制定一个行政规定，要求用户不得使用前 5 次密码
B．设置计算机本地安全策略中的安全选项，设置"账户锁定时间"的值为 5
C．设置计算机本地安全策略中的密码策略，设置"密码最长存留期"的值为 5
D．设置见算计本地安全策略中的密码策略，设置"强制密码历史"的值为 5

142．网络安全的需要是全方位的和整体的，在 OSI 七层参考模型的基础上，将安全体系划分为四个级别，分别是（ ）。

A．网络级安全、系统级安全、应用级安全、企业级安全
B．网络级安全、传输级安全、系统级安全、应用级安全
C．网络级安全、传输级安全、系统级安全、企业级安全
D．传输级安全、系统级安全、应用级安全、企业级安全

143．计算机病毒程序具有依附于其他程序的寄生能力，能隐藏在合法文件中，称为（ ）。

A．计算机病毒的传染性 B．计算机病毒的破坏性
C．计算机病毒的潜伏性 D．计算机病毒的针对性

144．计算机病毒可以使整个计算机瘫痪，危害极大，计算机病毒是（ ）。

A．一条命令 B．一段特殊的程序
C．一种生物病毒 D．一种芯片

145．下列软件中不属于防病毒软件是（ ）。

A．Windows 优化大师 B．瑞星 RAV
C．金辰 KILL D．KV3000

146．以下不属于入侵病毒按传染方式分类的是（ ）。

A．磁盘引导区传染的计算机病毒 B．操作系统传染的计算机病毒
C．一般应用程序传染的计算机病毒 D．外壳病毒

147．计算机的日常维护通常分为哪两个方面？（ ）

A．系统维护、软件维护 B．硬件维护、程序维护
C．软件维护、程序维护 D．硬件维护、环境维护

148．服务器兼容性的故障一般为（ ）。

A．硬件与硬件之间的兼容故障 B．硬件与软件之间的兼容故障
C．软件与软件之间的兼容故障 D．硬件与机箱之间的兼容故障

149．以下关于计算机病毒的特征说法正确的是（ ）。

A．计算机病毒只具有破坏性，没有其他特征

B．计算机病毒具有破坏性，不具有传染性

C．破坏性和传染性是计算机病毒的两大主要特征

D．计算机病毒只具有传染性，不具有破坏性

150．以下哪一项不属于计算机病毒的防治策略？（　　）

  A．防毒能力 B．查毒能力 C．解毒能力 D．禁毒能力